云南松天然群体遗传多样性评价及其保护

许玉兰 蔡年辉 段安安 著

U0271133

科学出版社

北京

内 容 简 介

本书依据云南松的分布特点，在不同地理分布区域和海拔梯度分别采集 20 个和 9 个天然群体，进行了表型变异和 DNA 分子标记（SSR）遗传多样性研究，同时探讨了云南松天然群体遗传变异分布格局形成机制，构建了云南松主分布区天然群体遗传多样性保护单元，提出了云南松种质资源遗传多样性保护策略。

本书可供农林类科研院所遗传育种等相关专业研究人员和高校学生参考使用。

图书在版编目(CIP)数据

云南松天然群体遗传多样性评价及其保护/许玉兰，蔡年辉，段安安著. —北京：科学出版社，2017

ISBN 978-7-03-054138-3

Ⅰ.①云… Ⅱ.①许… ②蔡… ③段… Ⅲ.①云南松-分布区-遗传多样性-研究-中国 Ⅳ.①S791.257.03

中国版本图书馆 CIP 数据核字（2017）第 194005 号

责任编辑：李 莎 吴卓晶 / 责任校对：王万红
责任印制：吕春珉 / 封面设计：北京睿宸弘文文化传播有限公司

科学出版社 出版
北京东黄城根北街 16 号
邮政编码：100717
http://www.sciencep.com

北京京华虎彩印刷有限公司 印刷
科学出版社发行 各地新华书店经销
*
2017 年 9 月第 一 版 开本：B5（720×1000）
2017 年 9 月第一次印刷 印张：9 插页：1
字数：182 000

定价：80.00 元

（如有印装质量问题，我社负责调换〈京华虎彩〉）

销售部电话 010-62136230 编辑部电话 010-62137026（BN12）

前　　言

　　云南松（*Pinus yunnanensis* Franch.）是我国云贵高原的主要乡土树种，具有适应性强、耐干旱瘠薄、喜光、对土壤要求不严、木材用途广等特点，是分布区域内瘠薄荒山造林的先锋树种和治理水土流失的重要树种，在分布区域林业生产和生态经济建设中占有重要的地位。由于诸多原因，云南松现存林分中优良基因资源匮乏，林分衰退问题日益突出，亟须对云南松种质资源开展评价与保护工作。

　　本书以云南松主分布区不同地理分布区域、不同海拔梯度的天然群体为研究对象，以形态性状和 SSR 分子标记分析为手段，对云南松天然群体遗传多样性水平、群体间和群体内的遗传变异特点、遗传多样性分布格局等进行研究，并对影响遗传多样性及其遗传结构的相关因素进行分析，揭示云南松天然群体遗传多样性的特点及其形成原因，初步构建云南松天然群体遗传多样性保护单元，为云南松种质资源的评价、收集和保存以及进一步遗传改良策略的制定等提供科学指导。本研究工作历时多年，在国内外刊物上先后发表相关论文近 20 篇，在此基础上，撰写了本专著。

　　本研究工作得到北京林业大学康向阳教授的悉心指导与帮助，在此表示感谢！同时，感谢中国林业科学研究院热带林业研究所曾杰研究员和郭俊杰博士，北京林业大学李悦教授课题组，西南林业大学林木遗传育种教研室全体老师以及李根前教授、陈诗老师等的支持与帮助！感谢美国普渡大学 Keith Woeste 博士在数据分析方面给予的诸多建议与指导、Paola 和 Kejia 博士在软件使用方面的帮助。数据提取、分析和作图时得到阮宇博士、赵伟博士、张王菲博士和叶江霞副教授等的帮助，在此一并感谢！此外，感谢云南松天然群体各采样地点所在林业局、林业站与林场等一线的同仁们！

　　本研究得到了国家自然科学基金（项目编号：31260191、31360189）、云南省自然科学基金（项目编号：2010CD065）和云南省基础研究计划重点项目（项目编号：2017FA011）的资助，主要研究工作在国家林业局西南地区生物多样性保育重点实验室、西南山地森林资源保育与利用教育部重点实验室和云南省高校林木遗传改良与繁育重点实验室完成。特此谢忱！

　　由于时间仓促和作者水平所限，书中的不足和遗漏在所难免，恳请读者给予批评指正！

许玉兰

2017 年 5 月于昆明

目　　录

第1章 绪 论

1.1 植物遗传多样性研究的意义及其评价

1.1.1 植物遗传多样性研究的意义

生物多样性包括物种内部、物种之间和生态系统的多样性,其中物种内部遗传多样性是生物多样性的重要组成成分(马克平,1993),是生态系统多样性和物种多样性的基础(陈灵芝,1993;葛颂和洪德元,1994),也是森林生态系统可持续经营策略制定与评价中的重要参数(Parasharami and Thengane,2012)。遗传多样性及其空间分布即群体的遗传结构是反映群体动态的重要方面(Mandák et al.,2013),为物种的保护和多元化发展提供重要的信息(Romero et al.,2009),在开展保护策略及植物育种中的作用已引起广泛的重视(Belletti et al.,2012;Parasharami and Thengane,2012)。首先,遗传多样性的分析有助于评价物种的进化潜力与适应能力(Belletti et al.,2012;Iwaizumi et al.,2013),遗传多样性是物种长期进化的产物,林木生长周期长,不可能通过迁移等来寻找有利的生存环境条件,丰富的遗传变异是提高适应能力的基础(Belletti et al.,2012)。其次,对时间、空间上遗传变异的分布研究,将有助于监测未来遗传组成的变化(Iwaizumi et al.,2013),评价物种随着气候变化的适应性能力(Neale and Kremer,2011),探讨物种的衰退和预测物种的命运,为种质资源的保护奠定基础(Belletti et al.,2012;Iwaizumi et al.,2013)。此外,遗传多样性的研究可为物种的利用提供基础的遗传学信息,为种质资源育种区的划分提供科学指导,尤其对分布范围比较大且具有较高经济和生态价值的树种(Iwaizumi et al.,2013),同时也有助于对种质资源的收集评价和分类研究(Kalia et al.,2011)。

1.1.2 植物遗传多样性的评价

目前常用遗传标记评价植物的遗传多样性状况,包括形态学标记、细胞学标记、生化标记和分子标记等，不同标记从不同的角度提供有价值的信息（Fu et al.，2010；Rabara et al.，2014）。形态标记是使用较早的遗传标记，也是进行种质资源描述和分类时应考虑的首要环节（Aslam et al.，2010）。采用形态标记评估遗传多样性是比较直接的方法且简便易行（Eckert and Hall，2006；Wahid et al.，2006；Sevık et al.，2010），但是，形态标记受环境的影响较大，形态的变异取决于有限的基因，对性状潜在的变异提供的信息量有限。细胞学标记集中在染色体的分析方面，但核型信息在种内较为稳定，用于揭示遗传多样性方面研究相对较少，更多集中在种间的评价（蔡利娟等，2014）。采用等位酶分析为主的生化标记在揭示遗传多样性方面报道较多，可根据分子大小和迁移率的不同，在凝胶电泳中实现分离（Hedrick，1985）。等位酶分析比较简单，且成本低、操作简便、信息量大，不需花费测序等昂贵的费用，且为共显性标记，与显性标记相比具有优越性（Spooner et al.，2005）。但对于特定的物种而言，等位酶位点较少，对基因组的覆盖低，且易受植物组织或发育阶段的影响（Mondini et al.，2009）。因此，等位酶分析逐渐被后来发展起来的分子标记所取代（Molosiwa，2012）。

　　与形态学标记、细胞学标记、生化标记这 3 种基因表达型的标记相比，DNA 分子标记是基于 DNA 多态性而建立起来的标记形式，能真正反映 DNA 的差异、可遗传（Semagn et al.，2006），因不受生长季环境条件的影响，且存在于所有的组织中而显现出优越性（Mondini et al.，2009），在植物遗传资源的评价方面应用较多，DNA 分子标记的发展已加深人们对遗传资源的理解（Kalia et al.，2011；Porth and El-Kassaby，2014）。DNA 分子标记的种类较多，一般分为两大类，即以杂交为基础的 DNA 分子标记和以 PCR 扩增为基础的分子标记（Nybom et al.，2014；Porth and El-Kassaby，2014）。以杂交序列为基础的标记常见的如限制性酶切片段长度多态性（restriction fragment length polymorphic，RFLP）（Botstein et al.，1980）；以 PCR 为基础的分子标记，如随机扩增多态性 DNA（random amplification polymorphic DNA，RAPD）（Williams et al.，1990）、扩增片段长度多态性（amplified fragment length polymorphic，AFLP）（Vos et al.，1995）和简单重复序列（simple sequence repeat，SSR）（Tautz，1989）等；此外还有以序列为基础的分子标记，如单核苷酸多态性（single nucleotide polymorphisms，SNPs）（Gao et al.，2015）。不同的标记各有其特点（Porth and El-Kassaby，2014），在众多的分子标记中，SSR 分子标记因具有高多态性、稳定性、共显性、分布广泛、检测快速方便以及适合自动化分析等优点而被广泛应用（Iwaizumi et al.，2013；Mandák et al.，2013；Bai et al.，2014；Sanchez et al.，2014；Mason，2015）。

1.2 SSR分子标记的开发与应用

1.2.1 SSR 分子标记的开发

自 1989 年 SSR 提出后（Litt and Luty，1989；Tautz，1989；Weber and May，1989），得到广泛的应用（Zane et al.，2002；Kalia et al.，2011；Mason，2015）。SSR 分子标记信息含量丰富，多态性好，且稳定性高，在许多生物的遗传图谱构建上是非常有价值的技术手段和工具（Kongjaimun et al.，2012；Sugita et al.，2013；Kato et al.，2013；Nimmakayala et al.，2014；Hashemi et al.，2015）。新技术的不断出现并没有影响 SSR 的使用，相反大量的序列分析、基因库的建立等加速了SSR 的发展，同时对这些基因库采用 SSR 分析也是经济、快速和高效的方法（Kalia et al.，2011；Moscoe and Emshwiller，2015）。因此，SSR 分子标记是一种应用较为广泛的标记。

SSR 即微卫星 DNA 包括串联重复的核心序列和侧翼序列，核心序列因重复次数的不同而产生长度多态性（Zane et al.，2002；Mason，2015），可通过保守的侧翼序列设计引物扩增检测其多态性（Kalia et al.，2011）。微卫星引物可通过文库构建、公共数据库挖掘或近缘种的转移来获得，其中建库分离微卫星的方法可归为两类：一种即传统的先建库，然后杂交、克隆筛选；另一种是先杂交富集，然后建库、克隆筛选。传统构建文库分离微卫星的方法是先建立小的随机片段文库，然后选择合适的探针对基因组文库进行扫描（Akkaya et al.，1998），耗时且效率低。在此基础上又相继发展了其他方法，选择性杂交是应用较广的方法之一，即采用微卫星序列特异探针选择性杂交，获得包含微卫星序列的DNA 片段（Zane et al.，2002），其中以磁珠富集法应用较多（Glenn and Schable，2005），该方法具有周期短、目的性强、阳性克隆率高等优点（Eliott et al.，2013；Hmeljevski et al.，2013；Saxena et al.，2015）。从数据库中挖掘 EST 序列开发 SSR 也是常用的途径（Iwaizumi et al.，2013；

Fang et al.，2014；Feng et al.，2014；Liu and Hammett，2014；Pinosio et al.，2014），获得的 EST-SSR 标记具有通用性较好、开发方法简单及成本低廉等优点。然而，这种方法对于目前无 EST 序列的物种来说，只能通过近缘种的 EST 来设计、筛选引物，涉及物种间的转移性问题。与此同时，与基因组 SSR 相比，EST-SSR 多态性相对较低（Yadav et al.，2011）。除上述的途径获得 SSR 引物之外，也可从近缘种中筛选转移、利用，大多数能成功扩增，效果较好（Guan et al.，2011；Eliott et al.，2013；Hmeljevski et al.，2013；Meloni et al.，2013），但高的可转移性常伴随多态性降低甚至无多态性，如 EST-SSR（Lesser et al.，2012；Bai et al.，2014），而多态性较高的基因组 SSR 的转移率不高（Kalia et al.，2011）。因此，对特定物种，基因组 SSR 的分离仍是发展 SSR 引物的一个有效的途径。

1.2.2 SSR 分子标记的应用

SSR 可通过高通量测序分型，在遗传多样性（Belletti et al.，2012；Liu et al.，2012；Moscoe and Emshwiller，2015）、空间遗传结构（Mandák et al.，2013；Sanchez et al.，2014）、遗传变异地理分布及其适应性变化（Iwaizumi et al.，2013）、亲本分析（Zhang et al.，2013）、分子标记辅助选择等方面应用较多（Kalia et al.，2011）。近年来，SSR 分子标记结合形态标记共同揭示物种遗传多样性的研究较多。Zucca（2011）采用表型性状及 SSR 分子标记揭示了地中海盆地钩松（*Pinus uncinata*）和栓皮栎（*Quercus suber*）群体的遗传多样性及其遗传变异。Joung 等（2013）测定赤松（*Pinus densiflora*）、欧洲赤松（*Pinus sylvestris*）及其杂交种的针叶、种子等性状，结合叶绿体 SSR 分析，探讨了这些种或杂交种间的遗传关系。Mendigholi 等（2013）利用形态性状与 6 对 SSR 引物，对 6 个 *Prunus scoparia* 群体的遗传变异进行分析。Molosiwa（2012）利用形态标记和 SSR 分子标记对 *Vigna subterranean* (L.) Verdc.群体遗传多样性及其遗传结构进行分析。Ghaffari 等（2014）采用 7 个表型性状和 14 个 SSR 标记，揭示各豆类植物各品系间的遗传变异。Siqueira 等（2014）应用 12 个 SSR 引物和 4 个形态性状，分析甘薯 72 个地方品种和 17 个商业品种的遗传变异。不难看出，同时利用 SSR 分子标记与形态标记，在揭示群体多样性及其遗传结构方面应用较多（Marinoni et al.，2013；Sa et al.，2013；Yook et al.，2014；Khadivi-Khub et al.，2015；

Rana et al.，2015）。但是，不同物种间所揭示的遗传多样性、遗传结构、遗传关系等方面的结果有所波动。因此，对于特定物种开展相应的研究，一方面通过形态性状、分子标记揭示该物种的遗传变异；与此同时，探讨形态标记与分子标记间的相关性，分析两个评价体系间的差异，为种质资源评价时手段、方法的选择提供科学指导。

1.3 云南松遗传多样性研究进展

云南松（*Pinus yunnanensis* Franch.）是我国云贵高原的主要乡土树种（中国科学院中国植物志编辑委员会，1978；中国科学院昆明植物研究所，1986；金振洲和彭鉴，2004），分布于东经 96°～108°、北纬 23°～30°，其中云南省是云南松的集中分布区（金振洲和彭鉴，2004；陈飞等，2012a，2012b）。云南松具有适应性强、耐干旱瘠薄、喜光、对土壤要求不严、木材用途广等特点，是分布区域内瘠薄荒山造林的先锋树种和治理水土流失的重要树种，在分布区域林业生产和生态经济建设中占有重要的地位，分别占云南省林分总面积和木材蓄积量的 19.63%和14.28%（金振洲和彭鉴，2004；邓喜庆等，2014；Zhang et al.，2014）。但是，目前云南松现存林分中优良基因资源匮乏，林分中低矮、弯曲、扭曲等不良个体的比例逐渐增加，林分衰退问题日益突出，亟须对云南松种质资源开展保护工作。然而，迄今基于云南松群体遗传多样性评价及其保护的研究报道较少。云南松遗传多样性的研究以表型性状较多，包括针叶、球果、种子、花粉等方面（虞泓等，1998，1999；王昌命等，2004；许玉兰，2015；徐杨等，2015，2016；许玉兰等，2016；Xu et al.，2016；邓丽丽等，2016a，2016b，2017a，2017b），各表型性状在不同的生态地理区域表现出不一样的变异式样。云南松的核型分析表明，24条染色体均为中部着丝点染色体，在次缢痕的数量和位置方面存在多态性（顾志建和李懋学，1982；黄瑞复，1984），后来虞泓和黄瑞复（1998）以居群取样开展云南松染色体核型分析，结果表明各居群次缢痕数目及其分布存在差异，在臂比和染色体相对长度系数上有所变化。比较来看，云南松在常规染色体水平上核型变异不显著，云南松居群酶位点及其等位基因数的变异在松属中居于中等水平，遗传多样性在群体间存在较大变幅，表现出一定的遗传分化（$G_{ST}=0.134$）（虞泓等，2000）。Wang等（2013）采用单亲遗传的 mtDNA 和 cpDNA 分析群体间的遗传多样性，两者揭示了不一样的遗传变异分布规律。总体来看，云南松遗传变异研究以表型方面居多，分子水平方面的研究起步较晚，且仅局限在少数群体，无法较全面揭示云南松群体遗传变异规律。但随着分子生物学和生物技术的飞跃发展，基于分子标记的分析将有助于研究者更好地理解和认识云南松种质资源。因此，从 DNA 水平上深入研究云南松群体遗传结构及其分化就显得更为重要，进而为云南松种质资源的评价与保护提供基础信息。

1.4　种质资源的保护

1.4.1　种质资源保存方式

种质资源的评价与保存是开展育种工作的前提，从一定意义上来讲，种质资源的保护是对形成物种生存环境的生物或非生物因子的维持、恢复与改善。因此，除保护种质资源本身外，还包括减少人类活动引起的干扰、生产活动的实施以及适当栽培抚育措施的应用等，即保护与利用相结合（Leone and Lovreglio，2004）。林木种质资源按保存的环境来看，主要分为原地保存（in situ）和异地保存（ex situ）两种方式，不同的保存方式都涉及抽样保存群体数量的多少及范围。因此，了解天然群体的遗传多样性及其遗传结构是制定保护策略的前提（Kato et al.，2013；Dzialuk et al.，2014；Tijerino and Korpelainen，2014），通常遗传分化程度及其遗传多样性水平是考虑优先保护群体时的两个基本决定因子（Worth et al.，2014）。对分布范围较广的树种，种质资源全分布区的保护是不现实的，应在有限的条件下仅保护有价值或有代表性的种质资源（许玉兰等，2015）。无论原地保存还是异地保存，为维持遗传多样性都需要一定数量的群体，其群体多少受多方面的影响，如树种的分布及其遗传多样性水平、群体大小、物种遗传变异在群体间和群体内的分布等，抽取群体时关键考虑是否覆盖遗传变异的范围（Sáenz-Romero et al.，2003）。一般来讲，对于连续分布且遗传多样性主要存在于群体内的树种，可以保存较少的自然分布区内有代表性群体，每个群体内保存较多的个体（Dvorak et al.，1999；罗建勋等，2007；Dzialuk et al.，2014）；分布区片段化且遗传变异主要存在于群体间的，种质资源保存时可考虑抽取较多的群体，群体内可保存相对较少的个体（李斌和顾万

春，2005；Dzialuk et al.，2014）。种质资源的保护常用保护单元 CU
（conservation unit）、核心种质（core collection）等来描述，其中保护单
元是指一个群体和一组群体因具有较高的遗传和生态特性能进行独立
的经营管理或优先保护（Funk et al.，2012），即优先保护对象；核心种
质的概念最早是 Frankel 和 Brown 于 1984 年提出的，即以最少的样本
最大限度地代表种质资源的遗传多样性，后来得到不断的发展（Brown，
1989）。因此，不难看出，种质资源保护的核心是维持物种的遗传多样
性，其中以核心种质方式开展的研究较多，天然群体的保护分析也可借
鉴，包括群体的抽取方式、抽取的数量及其评价等，以最大限度地保护
原始群体的遗传多样性。

1.4.2　核心种质的构建

　　种质资源保护的核心是用极少的种质资源数量代表原始群体尽可
能多的遗传变异，对资源的保护与利用都非常重要，很好地解决资源的
收集保护与评价利用之间的矛盾（曾宪君等，2014；Balas et al.，2014；
Upadhyaya et al.，2014）。在育种工作中可以优先保存、评价和利用核
心种质，从而节省时间和资金来寻找符合育种目标的材料（刘德浩等，
2014）。目前很多植物均已构建不同级别的核心种质，相比较而言，林
木核心种质方面的研究起步晚，但也逐步开展核心种质的构建，如桉树
（刘德浩等，2014）、杨树（文靓，2013；曾宪君等，2014）、灰楸（李
秀兰等，2013）等。这些研究从核心种质构建取样策略、取样方法及其
比例，以及构建核心种质的评价等方面入手，围绕如何从最少的样本量
获得最大的遗传多样性这一核心内容进行比较，以确定较优的核心种质
构建的方法，并构建不同级别的核心种质。多数的研究以收集的种质材
料为对象，以种质资源的利用为主要目的开展核心种质的构建，然而，
以群体作为一个整体单元，开展核心保护群体的研究较少（李斌等，
2003；罗建勋等，2007）。核心种质的构建常常包括数据的收集与分组、
样品的抽取及其评价等方面，主要涉及的关键环节包括核心种质的取样
方法、取样比例和评价方法等。
　　取样方法包括材料分组时采用的方法、分组后抽取样品的方法等。
分组时常采用随机抽样或聚类抽样，其中聚类法优于随机法（曾宪君等，
2014），即首先对种质材料进行分组或分层等处理，然后对各组内的取
样方法予以确定。分组后抽取样品以优先取样法使用较多（曾宪君等，

2014; Song et al., 2014), 即对分组、分层后的样本, 需要取舍时相同情况下优先考虑目标性状较优的样本, 如遗传多样性、生长量等指标。因此, 在着重以遗传多样性为保护目的的研究中, 可考虑遗传多样性指标高的作为抽取的对象。抽取的比例以最小限度能代表原始群体的遗传多样性为宜, 研究报道以 10%~30%居多 (Balas et al., 2014; Corradoa et al., 2014; Song et al., 2014; Upadhyaya et al., 2014), 但不同的物种其抽样的比例悬殊较大。一般来说, 当达到或超过 50%时, 核心种质的样本量较大, 不满足核心种质以最小的样本量代表尽可能多的遗传多样性这一特征要求 (李慧峰等, 2013)。使用逐步聚类取样时, 以不同的抽样比例下代表原始群体的遗传多样性方面达到显著差异时为止, 即停止聚类取样 (文靓, 2013)。在确定抽样比例时, 主要比较不同抽样比例下的核心种质对原始群体的代表性或对原始群体遗传多样性、表型性状等的保留率, 并比较它们之间的差异性, 确定最佳的抽样比例, 且尽可能不要超过 50%。核心种质资源的评价及其有效性检验常采用表型性状或遗传多样性指标, 分子标记的分析中, 等位基因数、有效等位基因数、Shannon's 信息指数、Nei's 遗传多样性指数等指标常用于核心种质遗传多样性的评价 (Thachuk et al., 2009; Balas et al., 2014; 刘新龙等, 2014; 曾宪君等, 2014; Song et al., 2014; 刘娟等, 2015; 徐笑宇等, 2015; Wei et al., 2015), 要求遗传多样性指标在核心种质与原始群体间无显著差异, 这样才能满足抽样群体的代表性 (曾宪君等, 2014)。

1.5　云南松群体遗传多样性研究的目的与意义

遗传多样性的管理对资源的保护与育种利用非常重要, 开展遗传多样性的保护不仅要保护种群数量, 尤其要保护其遗传多样性及遗传进化潜力。云南松是西南地区重要的用材树种和生态建设树种, 在区域林业经济和生态环境建设中均发挥了重要的作用。然而, 云南松优良种质资源减少, 林分中低矮、弯曲、扭曲的个体增多, 云南松的遗传改良势在必行, 而对种质资源遗传变异的分析是开展有效保护的前提。云南松种质资源遗传多样性研究多数集中在表型方面, 有的研究仅限于生化表型的描述, 且研究多为个别取样, 故难以获得云南松群体遗传多样性资料和信息, 云南松种质资源现状及变异特点、各群体遗传多样性水平、群体间和群体内的遗传变异特点、遗传多样性分布格局以及影响遗传分化的因素等问题尚未解决。在松树遗传变异研究中利用 SSR 的报道较多，分子标记结合形态标记，是揭示群体遗传变异的有力工具。然而，采用 SSR 分子标记对云南松种质资源遗传多样性的研究罕见，云南松自身的可取 SSR 引物也较少，研究前期通过近缘种中筛选的 SSR 引物有限。

多方面多层次研究和评价云南松种质资源的遗传多样性，了解云南松现有资源的变异程度及遗传多样性分布规律，并对影响遗传多样性及其遗传结构的因素进行探讨，从而为种质资源的保护与利用提供科学指导。首先，利用磁珠富集法和转录组开发云南松基因组 SSR 和 EST-SSR，为云南松遗传多样性分析提供 SSR 位点。其次，采用形态性状和 SSR 分子标记，从不同地理分布区域、不同海拔梯度的天然群体采集样本，评价云南松群体间、群体内的遗传多样性的水平、分布和特征，剖析云南松天然群体遗传结构与遗传分化；分析云南松遗传变异与地理、气候和土壤因子间的相关性，探讨各因子在云南松群体遗传变异分布格局形成中的作用，揭示云南松遗传多样性与生态环境之间的潜在关系，探明云南松群体遗传变异的空间格局及其形成机制。最后，根据云南松群体遗传多样性的大小及其分布规律，结合影响遗传分化的因素，借助核心种质保护的思想，围绕最大化保护云南松种质资源遗传多样性这一核心，提出合理的优先保护范围，以缓解云南松因遗传资源日趋衰退而带来的保护压力，同时也为其他林木优先保护群体的确定提供参考，为云南松群体遗传多样性的保护、种质资源的可持续利用及改良提供科学的理论基础，为科学制定云南松的保护措施和育种策略提供遗传学理论依据和科学指导。

参 考 文 献

蔡利娟，周娅，周兰英，等，2014. 9 种松属植物的核型及亲缘关系[J]. 东北林业大学学报，42(2): 57-60.

陈飞，王健敏，陈晓鸣，等，2012a. 基于 Kira 指标的云南松气候适宜性分析[J]. 林业科学研究，25(5): 576-581.

陈飞，王健敏，孙宝刚，等，2012b. 云南松的地理分布与气候关系[J]. 林业科学研究，25(2): 163-168.

陈灵芝，1993. 中国的生物多样性现状及其保护对策[M]. 北京：科学出版社.

邓丽丽，孙琪，许玉兰，等，2016a. 云南松不同茎干类型群体针叶性状表型多样性比较[J]. 西南林业大学学报，36(3): 30-37.

邓丽丽, 张代敏, 徐杨, 等, 2016b. 云南松不同类型群体种子形态及萌发特征比较[J]. 种子, 35(2): 1-6.

邓丽丽, 周丽, 蔡年辉, 等, 2017a. 基于针叶性状的云南松不同茎干类型遗传变异分析[J]. 西南农业学报, 30(3): 530-534.

邓丽丽, 朱霞, 和润喜, 等, 2017b. 云南松不同茎干类型种实性状表型多样性比较[J]. 种子, 36(3): 4-9.

邓喜庆, 皇宝林, 温庆忠, 等, 2014. 云南松林资源动态研究[J]. 自然资源学报, 29(8): 1411-1419.

葛颂, 洪德元, 1994. 遗传多样性及其检测方法[M]//中国科学院生物多样性委员会主编. 生物多样性研究的原理与方法. 北京: 中国科学技术出版社.

顾志建, 李懋学, 1982. 云南松和思茅松的染色体组型研究[J]. 云南植物研究, 4(2): 185-190.

黄瑞复, 1984. 云南松的有丝分裂减数分裂和染色体组型[J]. 云南大学学报(自然科学版), 6(1): 82-90.

金振洲, 彭鉴, 2004. 云南松[M]. 昆明: 云南科技出版社.

李斌, 顾万春, 2005. 白皮松保育遗传学——天然群体遗传多样性评价与保护策略[J]. 林业科学, 41(1): 57-64.

李斌, 顾万春, 周世良, 2003. 白皮松的保育遗传学 I. 基因保护分析[J]. 生物多样性, 11(1): 28-36.

李慧峰, 陈天渊, 黄咏梅, 等, 2013. 基于形态性状的甘薯核心种质取样策略研究[J]. 植物遗传资源学报, 14(1): 91-96.

李秀兰, 贾继文, 王军辉, 等, 2013. 灰楸形态多样性分析及核心种质初步构建[J]. 植物遗传资源学报, 14(2): 243-248.

刘德浩, 张卫华, 张方秋, 2014. 尾叶桉核心种质初步构建[J]. 华南农业大学学报, 35(6): 89-93.

刘娟, 廖康, 曼苏尔·那斯尔, 等, 2015. 利用 ISSR 分子标记构建南疆杏种质资源核心种质[J]. 果树学报, (3): 374-384.

刘新龙, 刘洪博, 马丽, 等, 2014. 利用分子标记数据逐步聚类取样构建甘蔗杂交品种核心种质库[J]. 作物学报, 40(11): 1885-1894.

罗建勋, 顾万春, 陈少瑜, 2007. 云杉天然群体基因分化与种质资源异地保存抽样策略[J]. 西南林学院学报, 27(1): 5-10.

马克平, 1993. 试论生物多样性的概念[J]. 生物多样性, 1(1): 20-22.

王昌命, 王锦, 姜汉侨, 2004. 云南松针叶的比较解剖学研究[J]. 西南林学院学报, 24(1): 1-5.

文靓, 2013. 湖北乡土杨树的核心种质构建研究[D]. 武汉: 华中农业大学.

徐笑宇, 方正武, 杨璞, 等, 2015. 苦荞遗传多样性分析与核心种质筛选[J]. 干旱地区农业研究, 33(1): 268-277.

徐杨, 邓丽丽, 周丽, 等, 2015. 云南松不同海拔天然群体种实性状表型多样性研究[J]. 种子, 34(11): 70-74, 79.

徐杨, 周丽, 蔡年辉, 等, 2016. 云南松不同海拔群体的针叶性状型多样性研究[J]. 云南农业大学学报(自然科学), 31(1): 109-114.

许玉兰, 2015. 云南松天然群体遗传变异研究[D]. 北京: 北京林业大学.

许玉兰, 蔡年辉, 陈诗, 等, 2016. 基于针叶性状云南松天然群体表型分化研究[J]. 西南林业大学学报, 36(5): 1-9.

许玉兰, 蔡年辉, 徐杨, 等, 2015. 云南松主分布区天然群体的遗传多样性及保护单元的构建[J]. 林业科学研究, 28(6): 883-891.

虞泓, 葛颂, 黄瑞复, 等, 2000. 云南松及其近缘种的遗传变异与亲缘关系[J]. 植物学报, 42(1): 107-110.

虞泓, 黄瑞复, 1998. 云南松居群核型变异及其分化研究[J]. 植物分类学报, 36(3): 222-231.

虞泓, 杨彩云, 徐正尧, 1999. 云南松居群花粉形态多态性[J]. 云南大学学报(自然科学版), 21(2): 86-89.

虞泓, 郑树松, 黄瑞复, 1998. 云南松居群内雄球花多态性[J]. 生物多样性, 6(4): 267-271.

曾宪君, 李丹, 胡彦鹏, 等, 2014. 欧洲黑杨优质核心种质库的初步构建[J]. 林业科学, 50(9): 51-58.

中国科学院昆明植物研究所, 1986. 云南植物志(第四卷): 种子植物[M]. 北京: 科学出版社.

中国科学院中国植物志编辑委员会, 1978. 中国植物志(第 7 卷)[M]. 北京: 科学出版社.

Akkaya M S, Bhagwat A A, Cregan P B, 1998. Length polymorphism of simple sequence repeat DNA in soybean[J]. Genetics, 132(4): 1131-1139.

Aslam M, Reshi Z A, Siddiqi T O, 2010. Variability in cone and seed characteristics among plus trees of blue pine (*Pinus wallichiana* A. B. Jackson) in the Kashmir Himalaya, India[J]. International Journal of Pharma and Bio Sciences, 1(4): B212-B223.

Bai T D, Xu L, Xu M, et al., 2014. Characterization of masson pine (*Pinus massoniana* Lamb.) microsatellite DNA by 454 genome shotgun sequencing[J]. Tree Genetics & Genomes, 10(2): 429-437.

Balas F C, Osuna M D, Domínguez G, et al., 2014. *Ex situ* conservation of underutilised fruit tree species: establishment of a core collection for *Ficus carica* L. using microsatellite markers (SSRs)[J]. Tree Genetics & Genomes, 10(3): 703-710.

Belletti P, Ferrazzini D, Piotti A, et al., 2012. Genetic variation and divergence in Scots pine (*Pinus sylvestris* L.) within its natural range in Italy[J]. European Journal of Forest Research, 131(4): 1127-1138.

Botstein D, White R L, Skolnick M, et al., 1980. Construction of a geneticlinkage map in man using restriction fragment length polymorphisms[J]. American Journal of Human Genetics, 32(3): 314-331.

Brown A H D, 1989. Core collections: a practical approach to genetic resources management[J]. Genome, 31(2): 818-824.

Corradoa G, Caramantea M, Piffanellib P, et al., 2014. Genetic diversity in Italian tomato landraces: Implications for the development of a core collection[J]. Scientia Horticulturae, 168: 138-144.

Dvorak W S, Hamrick J L, Hodge G R, 1999. Assessing the sampling efficiency of *ex situ* gene conservation efforts in natural pine populations in central America[J]. Forest Genetics, 6(1): 21-28.

Dzialuk A, Chybicki I, Gout R, et al., 2014. No reduction in genetic diversity of Swiss stone pine (*Pinus cembra* L.) in Tatra Mountains despite high fragmentation and small population size[J].

Conservation Genetics, 15(6): 1433-1445.

Eckert A J, Hall B D, 2006. Phylogeny, historical biogeography, and patterns of diversification for *Pinus* (Pinaceae): Phylogenetic tests of fossil-based hypotheses[J]. Molecular Phylogenetics and Evolution, 40(1): 166-182.

Eliott F G, Connelly C, Rossetto M, et al., 2013. Novel microsatellite markers for the endangered Australian rainforest tree *Davidsonia jerseyana* (Cunoniaceae) and cross-species amplification in the *Davidsonia* genus[J]. Conservation Genetics Resources, 5(1): 161-164.

Fang P, Niu S, Yuan H, et al., 2014. Development and characterization of 25 EST-SSR markers in *Pinus sylvestris* var. *mongolica* (Pinaceae)[J]. Applications in Plant Sciences, 2(1): 1300057.

Feng Y H, Yang Z Q, Wang J, et al., 2014. Development and characterization of SSR markers from *Pinus massoniana* and their transferability to *P. elliottii*, *P. caribaea* and *P. yunnanensis*[J]. Genetics & Molecular Research, 13(1): 1508-1513.

Frankel O H, Brown A H D, 1984. Plant genetic resources today: A critical appraisal [M]//Holden J H W, Williams J T. Crop Genetic Resources: Conservation & Evaluation. London: George Allen & Urwin Ltd:161-170, 249-257.

Fu L Z, Zhang H Y, Wu X Q, et al., 2010. Evaluation of genetic diversity in *Lentinula edodes* strains using RAPD, ISSR and SRAP markers[J]. World Journal of Microbiology & Biotechnology, 26(4): 709-716.

Funk W C, McKay J C, Hohenlohe P A, et al., 2012. Harnessing genomics for delineating conservation units[J]. Trends in Ecology & Evolution, 27(9): 489-496.

Gao Z, Przeworski M, Sella G, 2015. Footprints of ancient-balanced polymorphisms in genetic variation data from closely related species[J]. Evolution, 69(2): 431-446.

Ghaffari P, Talebi R, Keshavarzi F, 2014. Genetic diversity and geographical differentiation of Iranian landrace, cultivars, and exotic chickpea lines as revealed by morphological and microsatellite markers[J]. Physiology & Molecular Biology of Plants, 20(2): 225-233.

Glenn T C, Schable N A, 2005. Isolating Microsatellite DNA Loci[J]. Methods in Enzymology, 395: 202-222.

Guan L, Suharyanto, Shiraishi S, 2011. Isolation and characterization of tetranucleotide microsatellite loci in *Pinus massoniana* (Pinaceae)[J]. American Journal of Botany, 98(8): e216-e217.

Hashemi F S G, Rafii M Y, Ismail M R, et al., 2015. Comparative mapping and discovery of segregation distortion and linkage disequilibrium across the known fragrance chromosomal regions in a rice F_2 population[J]. Euphytica, 204(3): 557-569.

Hedrick P W, 1985. Genetics of populations[M]. London: Jones and Bartlett.

Hmeljevski K V, Ciampi M B, Baldauf C, et al., 2013. Development of SSR markers for *Encholirium horridum* (Bromeliaceae) and transferability to other Pitcairnioideae[J]. Applications in Plant Sciences, 1(4): 115-123.

Iwaizumi M G, Tsuda Y, Ohtani M, et al., 2013. Recent distribution changes affect geographic clines in genetic diversity and structure of *Pinus densiflora* natural populations in Japan[J]. Forest Ecology and Management, 304(4): 407-416.

Joung Y H, Hill J L, Hyun J O, et al., 2013. A hybrid swarm population of *Pinus densiflora* × *P. sylvestris* inferred from sequence analysis of chloroplast DNA and morphological characters[J]. Journal of Forestry Research, 24(1): 53-60.

Kalia R K, Rai M K, Kalia S, et al., 2011. Microsatellite markers: an overview of the recent progress in plants[J]. Euphytica, 177(3): 309-334.

Kato S, Imai A, Rie N, Mukai Y, 2013. Population genetic structure in a threatened tree *Pyrus calleryana vardimorphophylla* revealed by chloroplast DNA and nuclear SSR locus polymorphisms[J]. Conservation Genetics, 14(5): 983-996.

Khadivi-Khub A, Salehi-Arjmand H, Movahedi K, et al., 2015. Molecular and morphological variability of *Satureja bachtiarica* in Iran[J]. Plant Systematics & Evolution, 301(1): 77-93.

Kongjaimun A, Kaga A, Tomooka N, et al., 2012. An SSR-based linkage map of yardlong bean (*Vigna unguiculata* (L.) Walp. subsp. *unguiculata* Sesquipedalis Group) and QTL analysis of pod length[J]. Genome, 55(2): 81-92.

Leone V, Lovreglio R, 2004. Conservation of Mediterranean pine woodlands: scenarios and legislative tools[J]. Plant Ecology, 171(1-2): 221-235.

Lesser M R, Parchman T L, Buerkle C, 2012. Cross-species transferability of SSR loci developed from transciptome sequencing in lodgepole pine[J]. Molecular Ecology Resources, 12(3): 448-455.

Litt M, Luty J A, 1989. A hypervariable microsatellite revealed by in vitro amplification of dinucleotide repeat within the cardiac muscle actin gene[J]. American Journal of Human Genetics, 44(3): 397-401.

Liu J J, Hammett C, 2014. Development of novel polymorphic microsatellite markers by technology of next generation sequencing in western white pine[J]. Conservation Genetics Resources, 6(4): 647-648.

Liu Z L, Cheng C, Li J F, 2012. High genetic differentiation in natural populations of *Pinus henryi* and *Pinus tabuliformis* as revealed by nuclear microsatellites[J]. Biochemical Systematics and Ecology, 42(6): 1-9.

Mandák B, Hadincová V, Mahelka V, et al., 2013. European invasion of north American *Pinus strobus* at large and fine scales: high genetic diversity and fine-scale genetic clustering over time in the adventive range[J]. Plos One, 8(7): e68514.

Marinoni D T, Akkak A, Beltramo C, et al., 2013. Genetic and morphological characterization of chestnut (*Castanea sativa* Mill.) germplasm in Piedmont (north-western Italy)[J]. Tree Genetics & Genomes, 9(4): 1017-1030.

Mason A S, 2015. SSR genotyping[J]. Methods in Molecular Biology, 1245: 77-89.

Meloni M, Reid A, Conti E, 2013. Characterization of microsatellites for the endangered *Ruta oreojasme* (Rutaceae) and cross-amplification in related species[J]. Applications in Plant Sciences, 1(4): 115-143.

Mendigholi K, Sheidai M, Niknam V, et al., 2013. Population structure and genetic diversity of *Prunus scoparia* in Iran[J]. Annales Botanici Fennici, 50(5): 327-336.

Molosiwa O O, 2012. Genetic diversity and population structure analysis of bambara groundnuts

(*Vigna subterranea* (L.) Verdc.) landraces using morpho-agronomic characters and SSR[D]. The Leicestershire: University of Nottingham.

Mondini L, Noorani A, Pagnotta M A, 2009. Assessing plant genetic diversity by molecular tools[J]. Diversity, 1(1): 19-35.

Moscoe L J, Emshwiller E, 2015. Diversity of *Oxalis tuberosa* Molina: a comparison between AFLP and microsatellite markers[J]. Genetic Resources and Crop Evolution, 62(3): 335-347.

Neale D B, Kremer A, 2011. Forest tree genomics: growing resources and applications[J]. Nature Reviews Genetics, 12(2): 111-122.

Nimmakayala P, Abburi V L, Abburi L, et al., 2014. Linkage disequilibrium and population-structure analysis among *Capsicum annuum* L. cultivars for use in association mapping[J]. Molecular Genetics and Genomics, 289(4): 513-521.

Nybom H, Weising K, Rotter B, 2014. DNA fingerprinting in botany: past, present, future[J]. Investigative Genetics, 5(1): 1-35.

Parasharami V A, Thengane S R, 2012. Inter population genetic diversity analysis using ISSR markers in *Pinus roxburghii* (Sarg.) from Indian provenances[J]. International Journal of Biodiversity and Conservation, 4(5): 219-227.

Pinosio S, González-Martínez S C, Bagnoli F, et al., 2014. First insights into the transcriptome and development of new genomic tools of a widespread circum-Mediterranean tree species, *Pinus halepensis* Mill[J]. Molecular Ecology Resources, 14(4): 846-856.

Porth I, El-Kassaby Y A, 2014. Assessment of the Genetic Diversity in Forest Tree Populations Using Molecular Markers[J]. Diversity, 6(2): 283-295.

Rabara R, Ferrer M C, Diaz C L, et al., 2014. Phenotypic diversity of farmers' traditional rice varieties in the Philippines[J]. Agronomy, 4(2): 217-241.

Rana J C, Chahota R K, Sharma V, et al., 2015. Genetic diversity and structure of *Pyrus* accessions of Indian Himalayan region based on morphological and SSR markers[J]. Tree Genetics & Genomes, 11(1): 1-14.

Romero G, Adeva C, Battad Z, 2009. Genetic fingerprinting: advancing the frontiers of crop biology research[J]. Philippine Science Letters, 2(1): 8-13.

Sa K J, Choi S H, Ueno M, et al., 2013. Identification of genetic variations of cultivated and weedy types of *Perilla species* in Korea and Japan using morphological and SSR markers[J]. Genes & Genomics, 35(5): 649-659.

Sáenz-Romero C, Snively A E, Lindig-Cisneros R, 2003. Conservation and Restoration of Pine Forest Genetic Resources in México[J]. Silvae Genetica, 52(5-6): 233-237.

Sanchez M, Ingrouille M J, Cowan R S, et al., 2014. Spatial structure and genetic diversity of natural populations of the Caribbean pine, *Pinus caribaea* var. *bahamensis* (Pinaceae), in the Bahaman archipelago[J]. Botanical Journal of the Linnean Society, 17(3): 359-383.

Saxena S, Singh A, Archak S, et al., 2015. Development of novel simple sequence repeat markers in bitter gourd (*Momordica charantia* L.) through enriched genomic libraries and their utilization in analysis of genetic diversity and cross-species transferability[J]. Applied Biochemistry and

Biotechnology, 175(1): 93-118.

Semagn K, Bjørnstad Å, Ndjiondjop M N., 2006. An overview of molecular marker methods for plants[J]. African Journal of Biotechnology, 5(25): 2540-568.

Sevık H, Ayan S, Turna I, et al., 2010. Genetic diversity among populations in Scotch pine (*Pinus silvestris* L.) seed stands of Western Black Sea Region in Turkey[J]. African Journal of Biotechnology, 9(43): 7266-7272.

Siqueira M V B M, Bonatelli M L, Günther T, et al., 2014. Water yam (*Dioscorea alata* L.) diversity pattern in Brazil: an analysis with SSR and morphological markers[J]. Genetic Resources & Crop Evolution, 61(3): 611-624.

Song Y, Fan L, Chen H, et al., 2014. Identifying genetic diversity and a preliminary core collection of *Pyrus pyrifolia* cultivars by a genome-wide set of SSR markers[J]. Scientia Horticulturae, 167(3): 5-16.

Spooner D, van Treuren R, de Vincente M C, 2005. Molecular markers for genebank management[M]. Rome: IPGRI Technical Bulletin No. 10. International Plant Genetic Resources Institute.

Sugita T, Semi Y, Sawada H, et al., 2013. Development of simple sequence repeat markers and construction of a high-density linkage map of *Capsicum annuum*[J]. Molecular Breeding, 31(4): 909-920.

Tautz D, 1989. Hypervariability of simple sequences as a general source for polymorphic DNA markers[J]. Nucleic Acids Research, 17(16): 6463-6471.

Thachuk C, Crossa J, Franco J, et al., 2009. Core hunter: an algorithm for sampling genetic resources based on multiple genetic measures[J]. BMC Bioinformatics, 10(2): 169-173.

Tijerino A, Korpelainen H, 2014. Molecular characterization of Nicaraguan *Pinus tecunumanii* Schw. ex Eguiluz et Perry populations for *in situ* conservation[J]. Trees, 28(4): 1249-1253.

Upadhyaya H D, Dwivedi S L, Singh S K, et al., 2014. Forming core ollections in barnyard, kodo, and little millets using morphoagronomic descriptors[J]. Crop Science, 54(6): 2673-2682.

Vos P, Hogers R, Bleeker M, et al., 1995. AFLP: a new technique for DNA-fingerprinting[J]. Nucleic Acids Research, 23(21): 4407-4414.

Wahid N, González-Martínez S C, Hadrami I E, et al., 2006. Variation of morphological traits in natural populations of maritime pine (*Pinus pinaster* Ait.) in Morocco[J]. Annals of forest Science, 63(1):83-92.

Wang B S, Mao J F, Zhao W, et al., 2013. Impact of geography and climate on the genetic differentiation of the subtropical Pine *Pinus yunnanensis*[J]. Plos One, 8(6): e67345.

Weber J L, May P E, 1989. Abundant class of human DNA polymorphisms which can be typed using the polymerase chain reaction[J]. American Journal of Human Genetics, 44(3): 388-396.

Wei L, Dondini L, Franceschi P D, et al., 2015. Genetic diversity, population structure and construction of a core collection of apple cultivars from Italian germplasm[J]. Plant Molecular Biology Reporter, 33(3): 458-473.

Williams J G, Kubelik A R, Livak K J, et al., 1990. DNA polymorphisms amplified by arbitrary primers are useful as genetic markers[J]. Nucleic Acids Research, 18(22):6531-6535.

Worth J R P, Yokogawa M, Pérez-Figueroa A, et al., 2014. Conflict in outcomes for conservation based on population genetic diversity and genetic divergence approaches: a case study in the Japanese relictual conifer *Sciadopitys verticillata* (Sciadopityaceae)[J]. Conservation Genetics, 15(5): 1243-1257.

Xu Y L, Woeste K, Cai N H, et al., 2016. Variation in needle and cone traits in natural populations of *Pinus yunnanensis*[J]. Journal of Forestry Research, 27(1): 41-49.

Yadav H K, Ranjan A, Asif M H, et al., 2011. EST-derived SSR markers in *Jatropha curcas* L.: development, characterization, polymorphism, and transferability across the species/genera[J]. Tree Genetics & Genomes, 7(1): 207-219.

Yook M J, Lim S H, Song J S, et al., 2014. Assessment of genetic diversity of Korean *Miscanthus* using morphological traits and SSR markers[J]. Biomass & Bioenergy, 66(7): 81-92.

Zane L, Bargelloni L, Patarnello T, 2002. Strategies for microsatellite isolation: a review[J]. Molecular Ecology, 11(1): 1-16.

Zhang L, Xu W H, Ouyang Z Y, et al., 2014. Determination of priority nature conservation areas and human disturbances in the Yangtze River Basin, China[J]. Journal for Nature Conservation, 22(4): 326-336.

Zhang Y, Yang Q, Zhou Z C, et al., 2013. Divergence among Masson pine parents revealed by geographical origins and SSR markers and their relationships with progeny performance[J]. New Forests, 44(3): 341-355.

Zucca G M, 2011. Molecular and phenoptypic characterization of *Quercus suber* L. and *Pinus uncinata* R. populations in the Mediterranean basin[D]. Sassari: Università degli studi di Sassari.

第2章　云南松天然群体表型多样性研究

2.1　材料与方法

2.1.1　材料

1. 不同地理分布区域云南松天然群体材料

在云南松主分布区范围内选择不同地理区域有代表性的天然群体20个，包括滇中、滇南、滇东、滇东南、滇西、滇西南等（图2-1和表2-1）。每个群体选取30株作为采样样株，参考Dangasuk和Panetsos

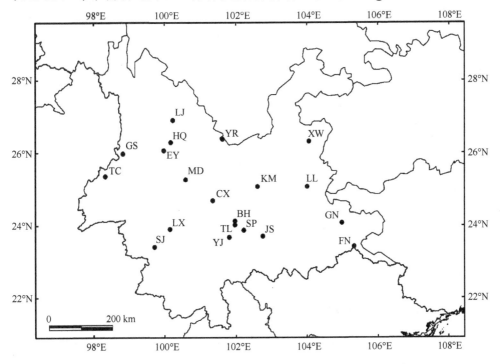

图2-1　不同地理分布区域的云南松天然群体分布图

表 2-1 不同地理分布区域云南松天然群体采样信息

群体	群体缩写	东经/(°)	北纬/(°)	海拔/m	年平均气温/℃	最高气温/℃	最低气温/℃	年降雨量/mm	SSR分析样株数	针叶样株数	针叶束数	球果样株数	球果数
新平白鹤	BH	101.97	24.12	1 834	19	28	5	1 008	17	30	300	34	93
楚雄	CX	101.35	24.68	1 997	16	25	2	1 015	24	30	300	/	/
洱源	EY	99.98	26.06	2 290	13	22	-1	1 051	24	30	300	12	40
富宁	FN	105.33	23.42	1 240	17	27	5	1 362	24	30	300	/	/
广南	GN	104.98	24.08	1 287	17	27	3	1 104	24	30	300	/	/
贡山	GS*	98.82	25.97	1 689	17	25	2	1 436	24	/	/	/	/
鹤庆	HQ	100.17	26.29	2 227	14	23	0	1 013	24	30	300	29	136
建水	JS	102.75	23.70	1 609	18	27	5	1 074	24	30	300	30	144
昆明	KM	102.60	25.07	2 192	14	23	0	1 031	24	30	300	16	69
丽江	LJ*	100.23	26.89	2 449	13	23	-1	972	24	/	/	/	/
陆良	LL	104.00	25.07	1 890	15	25	1	1 042	24	30	300	/	/
临翔	LX	100.15	23.90	1 875	16	25	3	1 210	24	30	300	29	135
弥渡	MD	100.59	25.27	2 099	16	26	3	968	24	30	300	32	158
双江	SJ	99.72	23.40	1 222	21	31	7	1 360	15	30	300	26	114
石屏	SP	102.22	23.87	1 504	18	27	5	1 096	24	30	300	/	/
腾冲	TC	98.32	25.36	2 024	14	22	0	1 541	24	30	300	13	46
新平它拉	TL	101.97	24.02	1 639	18	27	5	1 062	24	30	300	/	/
宣威	XW	104.05	26.32	2 222	12	23	-1	969	24	30	300	/	/
元江	YJ	101.81	23.68	1 654	18	28	5	1188	24	30	300	/	/
永仁	YR	101.62	26.37	2 132	14	25	0	1 013	19	30	300	/	/

注：*SSR 分析时群体 LJ 和 GS 采用的是 2 年生实生苗。

（2004）的方法，样株的年龄均在 25 年生以上。为了最大化地代表各群体的遗传变异状况，采集的样品均来自于不同植株，且各样株不相邻，参考相似的研究（Karhu et al.，2006；毛建丰等，2007；Belletti et al.，2012；Sanchez et al.，2014），各样株间隔 5 倍以上树高，从树冠南向中上部生长健康旺盛的 3～5 个枝条上采集 2 年生针叶，同时采集当年成熟的球果，用于测定表型性状。

2. 不同海拔梯度云南松天然群体材料

以云南丽江、宁蒗、元谋为采样地点（表 2-2），依据采样地点的海拔差值及其材料的可取性，每个采样地点各采集 3 个海拔梯度，分为上、中、下段，海拔间隔 200 m 左右，为便于分析比较，每个海拔梯度作为 1 个群体，3 个采样地点共 9 个群体，材料采集同前所述。

表 2-2　不同海拔梯度云南松天然群体采样信息

采样地点	海拔位置	群体缩写	东经/（°）	北纬/（°）	海拔/m
丽江	下段	LJ-L	100.00	26.88	1 850
	中段	LJ-M	100.04	26.89	2 100
	上段	LJ-H	100.03	26.86	2 500
宁蒗	下段	NL-L	100.79	27.66	2 700
	中段	NL-M	100.79	27.66	2 900
	上段	NL-H	100.80	27.66	3 100
元谋	下段	YM-L	101.93	25.52	1 850
	中段	YM-M	101.95	25.52	2 050
	上段	YM-H	101.96	25.52	2 250

2.1.2　研究方法

2.1.2.1　针叶、球果性状的测定

样本的采集及其性状的测量参考同属植物欧洲赤松、湿地松（*P. elliottii*）与长叶松（*P. palustris*）等研究（Urbaniak et al.，2003；Boratyńska et al.，2008），各测定指标及其代号见表 2-3。

表 2-3　云南松针叶、球果及种子表型性状的测定

性状	测定性状	代号	测量单位
针叶性状	针叶长	NL	cm
	针叶粗	NW	mm
	针叶束粗	FW	mm
	叶鞘长	FSL	cm
	针叶长/针叶粗	NL/NW	/
	针叶长/叶鞘长	NL/FSL	/
	针叶束粗/针叶粗	FW/NW	/
球果性状	球果重	CW	g
	球果长	CL	mm
	球果粗	CD	mm
	球果长/球果粗	CL/CD	/
种子性状	种翅长	SWL	cm
	种翅宽	SWW	cm
	种翅长/种翅宽	SWL/SWW	/
	种子长	SL	cm
	种子宽	SW	cm
	种子厚	ST	mm
	种子长/种子宽	SL/SW	/
	种子重	SQ	g
	种子种翅总重	SWTW	g

针叶性状：包括针叶长、叶鞘长、针叶粗、针叶束粗、针叶长/叶鞘长、针叶束粗/针叶粗和针叶长/针叶粗共 7 个性状。用直尺测量针叶长（NL）和叶鞘长（FSL），精确到 0.01 cm，用电子游标卡尺测量针叶粗（NW，测定中央宽度）和针叶束粗（FW），精确到 0.01 mm，计算针叶长/叶鞘长（NL/FSL）、针叶束粗/针叶粗（FW/NW）、针叶长/针叶粗（NL/NW），精确到 0.01，每株测量 10 束针叶（Urbaniak et al.，2003；Boratyńska et al.，2008）。

球果性状：包括球果长、球果粗、球果重、球果长/球果粗共 4 个性状。用电子游标卡尺测量球果长（CL，两端的直线距离）、球果粗（CD，最宽处直径）（Donahue and Upton，1996），精确到 0.01 mm，用电子天平称量球果重（CW），精确到 0.001 g，计算球果的形状指数即球果长/球果粗（CL/CD），精确到 0.01，每株测量 5～10 个球果。

种子性状：包括种翅长、种翅宽、种翅长/种翅宽、种子长、种子宽、种子厚、种子长/种子宽、种子重、种子种翅总重共 9 个性状。用直尺测量种翅长（SWL）、种翅宽（SWW）、种子长（SL）和种子宽（SW），精确到 0.01 cm，用电子游标卡尺测量种子厚（ST），精确到 0.01 mm，用电子天平称量种子重（SQ）和种子种翅总重（SWTW），精确到 0.001 g，计算种翅长/种翅宽（SWL/SWW）、种子长/种子宽（SL/SW），每株测量 30 粒种子（不足的全测）。

2.1.2.2 土壤样品的采集与测定

对不同地理分布区域 18 个群体（LJ 和 GS 群体除外）和不同海拔梯度 9 个群体分别采集土壤样品，每个群体按梅花状采集 10～20 cm 土层的 5 个土样，等量均匀混合，室内自然风干。土壤样品经风干后，去除粗枝、石块等，分别测定含水量（%）、pH、有机质（g/kg）、水解氮（mg/kg）、速效磷（mg/kg）、速效钾（mg/kg）、全氮（%）、全磷（%）、全钾（%）及质地共 10 个指标，其中质地采用定性描述，未用于后续的相关分析中。其余 9 项指标的测定方法及标准依次为：105℃烘箱法（NY/T 52—1987）、电位法（NY/T 1377—2007）、油浴加热重铬酸钾氧化滴定法（NY/T 1121.6—2006）、碱解扩散法（LY/T 1228—2015）、碳酸氢钠浸提-钼锑抗比色法（HJ 704—2014）、乙酸铵浸提-原子吸收分光光度法（NY/T 889—2004）、凯氏蒸馏法（NY/T 53—1987）、NaOH 熔融-钼锑抗比色法（NY/T 88—1988）、NaOH 熔融-原子吸收分光光度法

（NY/T 87—1988）。每个群体重复检测 3 次，精确到 0.01，所有土壤样品均送至云南同川农业分析测试技术有限公司测定。

2.1.2.3　气候资料的获取

依据不同地理分布区域各采样群体地理坐标即经度、纬度，利用 ArcGIS9.3 软件，从 Global Climate Data 的 Worldclim 下载中心（http://www.worldclim.org/）（Hijmans et al.，2005）获取数据，选用空间分辨率为 30″的栅格数据，基准面为 WGS84，获取各群体的 67 个气候因子，包括每个月的最低气温、平均气温、最高气温和年降雨量等共 48 个指标，以及年平均气温、最高气温、最低气温、年降雨量等在内的 19 个生物气候因子（BIO1～BIO19）。为便于后续分析时统一描述，实测的经度、纬度和海拔为地理因子，基于地理因子获取的 67 个指标为气候因子，其中不同地理分布区域各群体的年平均气温、最高气温、最低气温和年降雨量 4 个生物气候因子已列于表 2-1。

2.1.3　数据分析

各群体针叶、球果性状采用巢式方差分析，计算群体间和群体内的方差分量及其百分比（葛颂等，1998；李斌等，2002）。线性模型为 $Y_{ijk}=\mu+\tau_i+\delta j(i)+\varepsilon k(ij)$，式中，$Y_{ijk}$ 为第 i 个群体第 j 个单株第 k 个观测值，μ 为总平均值，τ_i 为群体间效应值，$\delta j(i)$ 为群体内单株效应值，$\varepsilon k(ij)$ 为随机误差，采用 SAS 软件的 ANOVA、PROC MIXED 等程序完成分析。群体间的差异采用 Tukey's 法进行多重比较（$a=0.05$），群体内的差异用变异系数（CV，coefficient of variation）来衡量性状的离散程度，变异系数越大，则性状值离散程度越大，$CV=\sigma/\bar{x}$，σ 为标准差，$\bar{x}$ 为性状平均值（李斌等，2002；López et al.，2013）。采用相对极差（R'，Range）表示性状的极端差异程度，$R'=R_i/R_0$，其中 R_i 表示群体内的极差，R_0 表示总极差（李斌等，2002）。在不同海拔梯度群体分析时，R_0 为每个采样地点 3 个不同海拔梯度群体各性状的总极差。表型多样性指数的计算采用 Shannon-Wiener 多样性指数，计算公式为 $H=-\sum P_i\ln P_i$（P_i 为某性状第 i 个代码值出现的概率），采用 Bio-Dap 软件计算（顾万春，2004）。

采用表型分化系数（V_{ST}，phenotypic differentiation coefficient）或形态分化（P_{ST}，the degree of phenotypic differentiation）来衡量群体间的表型分化，$V_{ST}=\sigma_{GB}^2/(\sigma_{GB}^2+\sigma_{GW}^2)\times100\%$，式中 σ_{GB}^2 和 σ_{GW}^2 分别为某一

性状在群体间和群体内的方差分量（葛颂等，1998）；P_{ST} 估算群体间的形态分化（Raeymaekers et al.，2007）或表型分化（Leinonen et al.，2008），P_{ST} 是类似于 Q_{ST}（quantitative genetic variation）的变量（Spitze，1993），其计算公式为 $P_{ST}=\sigma_{GB}^2 / (\sigma_{GB}^2 + 2\sigma_{GW}^2)$。

运用 SAS 软件的 PRINCOMP 程序进行主成分分析（PCA，principal component analysis），并构建三维图。采用 SPSS 软件对数据进行标准化转换（Sevık et al.，2010），基于各表型性状计算成对群体间的欧氏距离，进而采用 NTSYS-pc 2.10s（Rohlf，1994）构建非加权配对算术平均法（UPGMA，unweighted pair group method with arithmetic average）聚类图。采用 SPSS 软件分析各群体的针叶、球果性状平均值（Boratyńska et al.，2008）与地理、气候、土壤因子间的 Spearman's 或 Pearson's 相关性。

2.2　结果与分析

2.2.1　不同地理分布区域云南松天然群体遗传变异研究

2.2.1.1　不同地理分布区域云南松天然群体针叶性状变异分析

1. 不同地理分布区域云南松群体间针叶性状的变异特征

对不同地理分布区域云南松 18 个群体 7 个针叶性状进行巢式方差分析，各性状的变异均方及 F 见表 2-4。云南松 7 个针叶性状在群体间和群体内均呈极显著差异（$P<0.01$），表明云南松针叶性状在群体间和群体内存在广泛的变异。

表 2-4　不同地理分布区域云南松天然群体针叶性状的方差分析

性状	均方（自由度）			F	
	群体间	群体内	随机误差	群体间	群体内
NL	829.476(17)	60.044(522)	3.156(4 860)	13.81**	19.02**
NW	0.018(17)	0.000 7(522)	0.000 1(4 860)	22.69**	14.06**
FW	0.055(17)	0.002 3(522)	0.000 1(4 860)	24.20**	17.87**
FSL	10.708(17)	0.562(522)	0.037(4 860)	19.06**	15.12**
NL/NW	1 059 618(17)	29 975(522)	3 170.427(4 860)	35.35**	9.45**
NL/FSL	1 679.246(17)	62.194(522)	5.860(4 860)	27.00**	10.61**
FW/NW	41.158(17)	0.390(522)	0.088(4 860)	105.52**	4.44**

注：**表示在 0.01%水平上差异显著。各性状的缩写同表 2-3。

对群体均值进行 Tukey's 多重比较（表 2-5）。云南松各针叶性状在

表 2-5　不同地理分布区域云南松天然群体针叶性状的均值及其多重比较(Tukey, a=0.05)

群体	NL/cm	NW/mm	NL/NW	FW/mm	FSL/cm	NL/FSL	FW/NW
BH	21.11±3.55 bc	0.71±0.14 a	307.34±73.42 hi	1.19±0.18 fg	1.76±0.26 ab	12.31±3.16 ef	1.72±0.32 j
CX	19.67±2.59 ef	0.49±0.11 hi	414.96±82.49 c	1.06±0.18 i	1.60±0.27 cde	12.53±2.27 ef	2.20±0.36 fg
EY	16.67±2.14 i	0.49±0.07 hij	347.55±56.24 ef	1.34±0.16 c	1.56±0.34 def	11.23±3.11 gh	2.79±0.34 ab
FN	22.13±3.24 a	0.47±0.10 ijk	484.92±87.91 a	1.23±0.20 ef	1.79±0.29 a	12.60±2.28 def	2.67±0.31 cd
GN	21.69±2.99 ab	0.57±0.16 def	410.87±121.00 c	1.14±0.27 h	1.57±0.28 def	14.32±3.44 c	2.06±0.37 h
HQ	18.69±2.08 g	0.55±0.08 ef	347.55±57.22 ef	1.49±0.17 a	1.53±0.31 ef	12.72±3.28 def	2.74±0.29 bc
JS	19.96±3.12 de	0.64±0.09 c	316.57±56.78 gh	1.28±0.12 d	1.23±0.24 h	16.79±4.19 b	2.03±0.24 h
KM	19.68±3.63 ef	0.68±0.10 ab	293.33±52.34 i	1.54±0.23 a	1.61±0.33 cde	12.69±3.39 def	2.29±0.29 ef
LL	17.56±2.44 h	0.56±0.10 def	318.95±57.98 gh	1.26±0.12 de	1.41±0.26 g	12.88±2.85 def	2.29±0.33 ef
LX	20.65±2.55 cd	0.46±0.07 jk	459.01±79.31 b	1.27±0.17 de	1.51±0.32 f	14.22±3.19 c	2.79±0.27 ab
MD	18.88±2.41 fg	0.55±0.09 ef	350.03±52.71 def	1.42±0.19 b	1.77±0.27 a	10.97±2.35 h	2.63±0.31 d
SJ	21.73±2.98 ab	0.51±0.09 gh	431.86±72.06 c	1.40±0.23 b	1.15±0.24 h	19.84±5.51 a	2.75±0.30 abc
SP	21.45±3.20 abc	0.65±0.09 bc	332.30±58.47 efg	1.27±0.11 de	1.35±0.32 g	16.67±3.92 b	1.97±0.25 hi
TC	19.77±3.22 e	0.44±0.09 k	457.97±99.29 b	1.24±0.18 de	1.56±0.31 def	13.07±2.77 de	2.84±0.33 a
TL	20.97±3.27 bc	0.62±0.16 c	353.79±91.21 de	1.13±0.20 h	1.62±0.34 cde	13.52±3.54 cd	1.88±0.39 i
XW	16.78±2.18 hi	0.59±0.19 d	307.78±76.83 hi	1.29±0.17 cd	1.63±0.33 cd	10.62±2.19 h	2.37±0.60 e
YJ	18.61±3.97 g	0.58±0.13 de	331.75±78.39 fg	1.07±0.19 i	1.22±0.32 h	15.92±4.23 b	1.91±0.38 i
YR	19.33±2.57 efg	0.54±0.09 fg	369.39±75.06 d	1.14±0.14 gh	1.67±0.30 bc	11.98±3.12 fg	2.17±0.34 g
平均	19.74±2.90	0.56±0.11	368.66±73.82	1.26±0.18	1.53±0.30	13.60±3.27	2.34±0.33

注：字母相同者为差异不显著（$P>0.05$），字母不同者为差异显著（$P<0.05$）。群体名称的缩写见表 2-1，各性状的缩写同表 2-3。

群体间存在广泛的变异，但不同性状在各群体间变异模式有所差异。针叶长在群体间的变异范围为 16.67～22.13 cm，均值 19.74 cm，FN 群体最大，EY 群体最小。BH 群体针叶最粗（0.71 mm），TC 群体的最细（0.44 mm），平均 0.56 mm。针叶长/针叶粗代表针叶的形状，该性状最大的是 FN 群体（484.92），最小的是 KM 群体（293.33），平均值为 368.66。针叶束粗在群体间的差异相对较小，变异范围为 1.06～1.54 mm，KM 群体最大，CX 群体最小，平均 1.26 mm。针叶束叶鞘是针叶的保护部位，其长度在各群体间变动于 1.15～1.79 cm，以 SJ 群体最小，FN 群体最大，平均 1.53 cm。SJ 群体的针叶长/叶鞘长最高，为 19.84，与最小的 XW 群体比相差近 1 倍，均值为 13.60。针叶束粗/针叶粗均值为 2.34，群体间的变异范围为 1.72（BH 群体）～2.84（TC 群体）。在所测的 7 个针叶性状中，FN 群体在 3 个针叶性状（针叶长、叶鞘长、针叶长/针叶粗）上表现出最高值，从地理位置来看，FN 群体位于东南端，即经度最高，纬度和海拔与 SJ 群体相似；而在 7 个群体中出现低值的群体比较分散。

2. 不同地理分布区域云南松群体针叶性状的分化

由各性状方差分量和表型分化系数分析可知（表 2-6），7 个性状群体间的方差分量占总变异的百分比波动于 22.48%～53.51%，平均为 33.83%；群体内的方差分量占总变异的百分比波动于 11.90%～49.86%，平均为 35.33%；随机误差的方差分量百分比波动于 24.58%～34.71%，平均为 30.84%。7 个针叶性状的表型分化系数平均为 49.42%，最大的为针叶束粗/针叶粗，81.81%；其次为针叶长/针叶粗，56.15%；最小的为针叶长，31.07%；其余 4 个性状均低于 50%。即 7 个针叶性状中，除

表 2-6　不同地理分布区域云南松天然群体针叶性状方差分量及表型分化系数

性状	方差分量			方差分量百分比/%			表型分化系数/%
	群体间	群体内	随机误差	群体间	群体内	随机误差	
NL	2.564 77	5.688 76	3.156 17	22.48	49.86	27.66	31.07
NW	0.000 06	0.000 07	0.000 06	30.60	39.31	30.09	43.77
FW	0.000 18	0.000 21	0.000 13	33.96	41.46	24.58	45.03
FSL	0.033 82	0.052 48	0.037 16	27.40	42.51	30.10	39.19
NL/NW	3 432.143 51	2 680.469 48	3 170.426 84	36.97	28.87	34.15	56.15
NL/FSL	5.390 17	5.633 40	5.859 53	31.93	33.37	34.71	48.90
FW/NW	0.135 89	0.030 22	0.087 83	53.51	11.90	34.59	81.81
平均				33.83	35.33	30.84	49.42

注：各性状的缩写同表 2-3。

针叶束粗/针叶粗和针叶长/针叶粗 2 个性状外，其余 5 个性状均表现为
表型分化系数低于 50%，说明变异主要存在于群体内。

　　按照巢式方差分析，将各性状的表型变异分解为群体间变异、群体
内变异和个体内变异（随机误差），进一步估算成对群体间各性状的形
态分化 P_{ST}，结果见表 2-7 和图 2-2。

表 2-7　不同地理分布区域云南松天然群体间针叶性状形态分化 P_{ST}

统计量	NL	NW	FW	FSL	NL/NW	NL/FSL	FW/NW
平均值	0.161 8	0.251 0	0.231 3	0.199 3	0.280 8	0.216 1	0.547 5
最小值	0.000 0	0.000 0	0.000 0	0.000 0	0.000 0	0.000 0	0.000 0
最大值	0.622 8	0.840 0	0.703 0	0.744 6	0.785 8	0.674 3	0.970 1
极差	0.622 8	0.840 0	0.703 0	0.744 6	0.785 8	0.674 3	0.970 1
标准差	0.173 9	0.235 5	0.204 8	0.210 6	0.242 4	0.200 7	0.346 4
变异系数/%	107.46	93.85	88.52	105.68	86.32	92.87	63.28
分化最大的成对群体	GN *vs.* EY	SP *vs.* LX	YR *vs.* HQ	MD *vs.* SJ	FN *vs.* KM	XW *vs.* SJ	BH *vs.* SJ
P_{ST}>0.5 的集中群体	XW、EY	BH、SP、JS、KM	BH、TL、YJ、CX、HQ	BH、JS	BH、FN、SJCX、KM、TC、LX	MD、SJ	大多数群体

注：各性状的缩写同表 2-3。

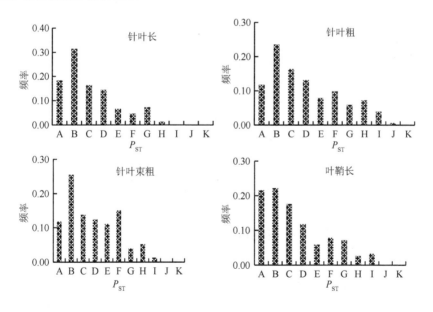

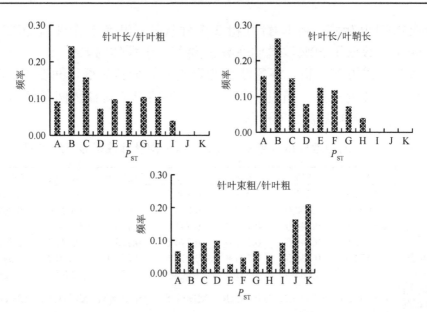

图 2-2　不同地理分布区域云南松天然群体针叶性状形态分化 P_{ST} 的频率分布

注：A：$P_{ST}=0$；B：$0<P_{ST}\leqslant0.1$；C：$0.1<P_{ST}\leqslant0.2$；D：$0.2<P_{ST}\leqslant0.3$；E：$0.3<P_{ST}\leqslant0.4$；F：$0.4<P_{ST}\leqslant0.5$；G：$0.5<P_{ST}\leqslant0.6$；H：$0.6<P_{ST}\leqslant0.7$；I：$0.7<P_{ST}\leqslant0.8$；J：$0.8<P_{ST}\leqslant0.9$；K：$P_{ST}>0.9$。

　　由表 2-7 和图 2-2 可知，针叶长、叶鞘长和针叶长/叶鞘长 3 个性状有 20%左右的成对群体间未表现出分化（$P_{ST}=0.000\ 0$），其他 4 个性状有近 10%的成对群体间未表现出分化；除针叶束粗/针叶粗外，其余 6 个性状均不足 1/4 的成对群体间分化系数在 0.5 以上，即以针叶束粗/针叶粗在各群体间的表型分化较高，而针叶长和叶鞘长在各群体的表型分化相对较低。各性状的表型分化系数在不同群体间表现不一样，针叶长、针叶粗、针叶束粗、叶鞘长、针叶长/针叶粗、针叶长/叶鞘长和针叶束粗/针叶粗 7 个针叶性状最高值分别出现在 GN *vs.* EY、SP *vs.* LX、YR *vs.* HQ、MD *vs.* SJ、FN *vs.* KM、XW *vs.* SJ、BH *vs.* SJ，其中 SJ 与其他群体间的表型分化比较明显。此外，针叶长和针叶长/针叶粗 2 个性状分化明显的群体分别出现在东部群体 GN 与西部群体 EY、东部群体 FN 和中部群体 KM 之间。

3. 不同地理分布区域云南松群体内针叶性状的变异特征

　　各群体不同针叶性状变异系数和相对极差列于表 2-8，依据变异系数，对不同性状和不同群体作图 2-3。由表 2-8 和图 2-3 可知，云南松针叶性状在群体内存在广泛的变异，各群体内针叶性状的变异系数介于

9.02%～32.13%，最高为 XW 群体的针叶粗，32.13%；其次是 GN 群体的针叶长/针叶粗（29.45%）；最小的是针叶束粗，分别出现在 SP（9.02%）、JS（9.38%）和 LL 群体（9.75%）。不同性状在不同群体内的变异程度不一，7 个针叶性状变异系数波动于 14.29%～23.83%，平均为 18.05%，按大小排列：针叶长/叶鞘长（23.83%）＞针叶长/针叶粗（20.05%）＞叶鞘长（19.53%）＞针叶粗（19.31%）＞针叶束粗/针叶粗（14.68%）＞针叶长（14.64%）＞针叶束粗（14.29%），7 个性状中以针叶束粗、针叶长和针叶束粗/针叶粗的变异系数最小，而以针叶长/叶鞘长的最大，表明针叶长/叶鞘长较其他性状变异大、受环境的影响更大，相反针叶束粗、针叶长和针叶束粗/针叶粗较其他性状稳定性高。

　　18 个群体针叶性状的平均变异系数从大到小排序为 YJ（22.49%）＞GN（22.05%）＞TL（21.88%）＞XW（21.32%）＞BH（19.17%）＞KM（17.97%）＞TC\SJ（17.90%）＞CX（17.52%）＞YR（17.50%）＞EY（16.73%）＞FN（16.53%）＞SP（16.45%）＞LL（16.35%）＞JS（16.14%）＞LX（15.88%）＞HQ（15.83%）＞MD（15.23%），平均为 18.05%。由此可见，南部群体 YJ、东部群体 GN、XW，中部群体 TL、

表 2-8　不同地理分布区域云南松天然群体针叶性状的变异系数(%)/相对极差

群体	NL	NW	FW	FSL	NL/NW	NL/FSL	FW/NW	平均
BH	16.83/0.76	19.60/0.65	14.83/0.55	14.96/0.83	23.89/0.43	25.67/0.86	18.44/0.68	19.17/0.68
CX	13.14/0.57	21.66/0.56	17.13/0.48	16.53/0.63	19.88/0.56	18.14/0.34	16.16/0.77	17.52/0.56
EY	12.87/0.47	14.65/0.37	12.17/0.49	21.51/0.79	16.18/0.32	27.72/0.56	12.04/0.72	16.73/0.53
FN	14.63/0.76	20.79/0.48	16.28/0.57	16.05/0.83	18.13/0.44	18.11/0.36	11.70/0.60	16.53/0.58
GN	13.79/0.67	27.51/0.82	23.65/0.82	18.04/0.67	29.45/0.90	24.01/0.48	17.91/0.71	22.05/0.72
HQ	11.15/0.54	15.32/0.43	11.15/0.46	20.22/0.79	16.46/0.38	25.78/0.72	10.72/0.56	15.83/0.56
JS	15.64/0.63	13.93/0.45	9.38/0.41	19.24/0.54	17.94/0.36	24.93/0.63	11.92/0.60	16.14/0.52
KM	18.44/0.73	14.97/0.46	14.81/0.63	20.28/0.79	17.84/0.39	26.72/0.48	12.70/0.70	17.97/0.60
LL	13.92/0.49	17.02/0.64	9.75/0.38	18.84/0.65	18.18/0.39	22.12/0.40	14.64/0.78	16.35/0.53
LX	12.33/0.54	14.51/0.54	13.74/0.49	21.08/0.67	17.28/0.53	22.44/0.45	9.80/0.69	15.88/0.56
MD	12.76/0.51	17.22/0.46	13.06/0.62	15.21/0.67	15.06/0.33	21.45/0.39	11.84/0.72	15.23/0.53
SJ	13.72/0.68	18.32/0.41	16.65/0.56	21.10/0.54	16.68/0.47	27.78/0.87	11.05/0.61	17.90/0.59
SP	14.89/0.89	13.80/0.48	9.02/0.44	23.49/0.54	17.59/0.35	23.53/0.54	12.86/0.55	16.45/0.54
TC	16.27/0.79	20.17/0.55	14.57/0.51	19.97/0.88	21.68/0.67	21.19/0.53	11.46/0.69	17.90/0.66
TL	15.59/0.65	26.38/0.95	17.87/0.69	20.75/0.79	25.78/0.66	26.17/0.60	20.60/0.69	21.88/0.72
XW	13.01/0.62	32.13/0.81	13.26/0.61	20.12/0.67	24.96/0.40	20.61/0.34	25.16/0.77	21.32/0.60
YJ	21.35/0.79	22.53/0.78	17.63/0.60	26.04/0.88	23.63/0.55	26.57/0.64	19.67/0.76	22.49/0.71
YR	13.27/0.59	17.12/0.50	12.20/0.49	18.06/0.75	20.32/0.57	26.02/0.67	15.49/0.70	17.50/0.61
平均	14.64/0.65	19.31/0.57	14.29/0.54	19.53/0.72	20.05/0.48	23.83/0.55	14.68/0.68	18.05/0.60

注：群体名称的缩写见表 2-1，各性状的缩写同表 2-3。

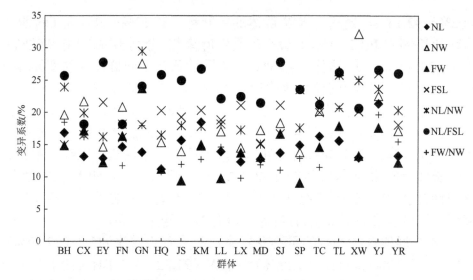

图2-3　不同地理分布区域云南松天然群体针叶性状的变异系数

注：群体名称的缩写见表2-1，各性状的缩写同表2-3。

BH 的变异系数大，而西部、西南部群体 LX、HQ、MD 变异系数均较小。说明南部群体针叶性状表型多样性程度高，东部、中部群体次之，而西部、西南部群体的针叶性状多样性程度更低。

针叶长、针叶粗、针叶束粗、叶鞘长、针叶长/针叶粗、针叶长/叶鞘长、针叶束粗/针叶粗的相对极差分别为 0.65、0.57、0.54、0.72、0.48、0.55、0.68。各群体比较可知，该 7 个性状的最大相对极差和最小相对极差分别出现在 SP 和 EY 群体、TL 和 EY 群体、GN 和 LL 群体、YJ/TC 和 JS/SJ/SP 群体、GN 和 EY 群体、SJ 和 XW/CX 群体、LL 和 SP 群体，与变异系数分析的结果比较吻合，进一步说明 YJ 群体变异程度比较高，而 EY 群体的变异比较低。

4. 基于针叶性状不同地理分布区域云南松天然群体的聚类

基于 7 个针叶性状，对云南松 18 个群体进行主成分分析，结果见表 2-9 和图 2-4。结果可知，前 3 个主成分对总变量贡献 86.93%，其中第一主成分（PC1）贡献 35.15%，主要解释针叶长/针叶粗、针叶束粗/针叶粗以及针叶粗，即针叶在横向粗度方向上的大小。第二主成分（PC2）贡献 30.27%，主要解释针叶长、针叶长/叶鞘长以及中等程度的针叶长/针叶粗，即针叶在纵向长度方向上的大小，第二主成分明显地把 SJ 群体与其他群体区分开来。第三主成分（PC3）贡献 21.51%，主要解释针叶束粗和叶鞘长，代表针叶束及其叶鞘大小，该主成分将 BH、CX、FN、GN、TL 和 YR 群体明显地与其他群体区分开来。主成分分析结果表明地理分布的相似并不代表针叶性状的相似。

表 2-9　不同地理分布区域云南松天然群体针叶性状各主成分的载荷量

性状	PC1	PC2	PC3	PC4	PC5	PC6	PC7
NL	-0.012 130	0.489 123	-0.320 320	0.613 922	-0.028 050	-0.188 210	-0.494 870
NW	-0.596 370	-0.086 850	0.024 848	0.340 103	0.551 992	0.444 770	0.134 161
FW	0.097 381	-0.196 580	0.628 649	0.577 250	-0.061 350	-0.387 670	0.263 444
FSL	0.167 427	-0.450 980	-0.484 560	0.400 688	-0.443 710	0.329 094	0.260 875
NL/NW	0.515 256	0.338 196	-0.254 450	0.067 447	0.483 011	-0.049 220	0.561 353
NL/FSL	-0.141 940	0.626 625	0.275 800	0.010 752	-0.484 250	0.410 121	0.329 115
FW/NW	0.566 609	-0.064 470	0.354 919	0.094 855	0.161 492	0.580 984	-0.419 780

注：各性状的缩写同表 2-3。

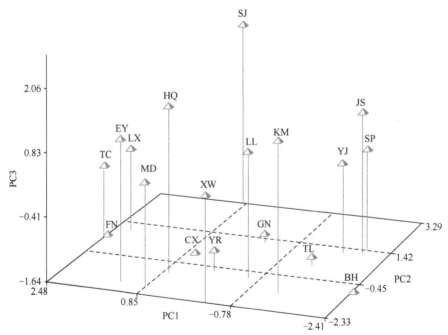

图 2-4　基于针叶性状的不同地理分布区域云南松天然群体主成分分析三维图

注：群体名称的缩写见表 2-1。

基于各针叶性状在各群体的平均值，7 个针叶性状标准化后，计算各群体间的欧式距离（表 2-10），基于针叶性状在各群体间的欧氏距离构建 UPGMA 聚类图（图 2-5）。结果表明，LX 和 TC 群体最为相似，其次为 SP 和 JS、CX 和 YR，即群体的遗传关系可能比较近。当以欧氏

表 2-10 基于针叶性状的不同地理分布区域云南松天然群体间的欧式距离

群体	BH	CX	EY	FN	GN	HQ	JS	KM	LL	LX	MD	SJ	SP	TC	TL	XW	YJ	YR
BH	0.000																	
CX	3.924	0.000																
EY	5.184	3.448	0.000															
FN	5.071	2.795	4.339	0.000														
GN	3.062	1.882	4.389	2.883	0.000													
HQ	4.565	3.807	1.914	4.017	3.875	0.000												
JS	3.732	4.075	4.574	5.430	3.148	3.685	0.000											
KM	3.250	4.753	3.806	5.187	4.133	2.401	3.363	0.000										
LL	3.800	2.916	2.197	4.696	3.300	2.341	2.673	3.058	0.000									
LX	5.324	2.616	3.373	1.967	2.827	3.041	4.348	4.749	3.648	0.000								
MD	4.012	3.444	2.036	3.553	3.746	1.539	4.450	2.583	2.749	3.332	0.000							
SJ	6.465	5.072	5.444	4.872	4.272	4.381	3.724	5.394	4.845	3.375	5.475	0.000						
SP	3.116	3.924	4.987	4.968	2.543	3.928	1.153	3.322	3.224	4.247	4.434	3.807	0.000					
TC	5.427	2.418	2.903	2.032	3.130	3.003	4.713	4.876	3.525	0.816	3.094	4.079	4.695	0.000				
TL	1.739	2.438	4.417	3.942	1.456	3.948	2.887	3.532	2.951	3.929	3.644	5.185	2.305	4.083	0.000			
XW	3.752	3.420	1.914	4.874	4.055	2.467	4.035	2.933	1.675	4.318	2.069	6.126	4.354	3.987	3.466	0.000		
YJ	4.088	3.221	4.418	5.437	3.057	4.369	2.014	4.611	2.452	4.367	4.839	4.580	2.566	4.512	2.841	3.908	0.000	
YR	3.004	1.261	2.935	3.171	2.010	3.132	3.678	3.707	2.236	3.056	2.556	5.313	3.532	2.861	1.868	2.399	3.176	0.000

注: 群体名称的缩写见表 2-1。

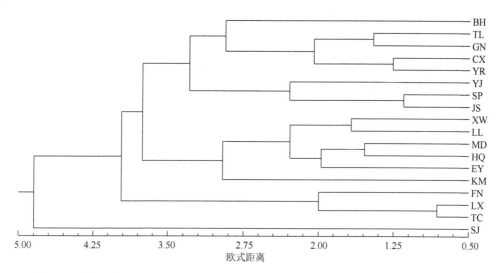

图 2-5　基于针叶性状不同地理分布区域云南松天然群体的 UPGMA 聚类

注：群体名称的缩写见表 2-1。

距离 3.5 为阈值时，18 个群体被分为 4 类：第 1 类（I）为：SP、JS、YJ、CX、YR、TL、GN 和 BH；第 2 类（II）为：XW、LL、MD、HQ、EY 和 KM；第 3 类（III）为：LX、TC 和 FN；而 SJ 群体单独形成一类（IV）。当以欧氏距离 2.5 为阈值时，可将第 1 类（I）再分为 3 个亚类，其中 BH 独自形成一个亚类（I-1），最先与 SP、JS 和 YJ3 个群体形成的亚类（I-3）分开，其次为 CX、YR、TL 和 GN4 个群体构成的第 2 亚类（I-2）。同样地，第 2 类（II）也可以进一步分为两个亚类，其中 KM 单独形成 1 个亚类（II-2），其余的 5 个群体形成另一亚类（II-1）。

5. 不同地理分布区域云南松天然群体针叶性状与环境因子间的相关性

各群体的地理位置（经度、纬度和海拔）以及最高气温、最低气温、年平均气温、年降水量等气候因子与针叶性状进行相关性分析，结果见表 2-11。针叶长与纬度、海拔均呈极显著负相关（$r = -0.687$ 和 $r = -0.822$，$P < 0.01$），与年平均气温、最高气温和最低气温呈极显著正相关（$r = 0.695$、$r = 0.616$ 和 $r = 0.716$，$P < 0.01$），从低海拔到高海拔，针叶变短，从北到南随着纬度降低，温度升高，针叶有变长的趋势，即针叶在年平均气温、最高气温和最低气温较高的环境针叶较长，与之对应的针叶长/叶鞘长的变化趋势与针叶长的相似。因此，短的针叶常与高纬度和高

海拔联系在一起。与温度和降雨量间的相关性也表明，针叶较长、针叶长/叶鞘长较高的群体常出现在低纬度、低海拔，并伴随气候比较暖和，且降雨比较丰富。针叶粗与经度呈显著相关（$r = 0.536$），即从东到西，针叶逐渐变细。然而，针叶粗与纬度、海拔间的相关性比较弱（$r = -0.103$和 $r = -0.119$，$P > 0.05$）；针叶束粗与地理、气候因子间的相关性不明显（$P > 0.05$），但研究观察发现粗的针叶束与干燥、低温环境相关，如HQ、EY、XW 和 MD 群体来自于海拔较高的地区，伴随着降雨少、最高气温也比较低，这些群体表现出针叶束较粗、针叶较短；KM 群体针叶束最粗，而这一群体所处的海拔也较高；EY 群体针叶最短，海拔也最高。针叶长与全磷含量呈显著负相关，针叶粗与全钾含量呈显著负相关，针叶长/针叶粗与 pH 呈显著负相关、与全钾含量呈极显著正相关，针叶长/叶鞘长与土壤含水量呈显著负相关，针叶束粗/针叶粗与全钾含量呈显著正相关。其他针叶性状与土壤因子间的相关性不显著，地理变异不明显，变异可能是随机的分布。

表 2-11　不同地理分布区域云南松天然群体针叶性状与地理、气候
及土壤因子间的相关性分析(Spearman's)

指标	NL	NW	FW	FSL	NL/NW	NL/FSL	FW/NW
Long	0.180	0.536*	−0.209	0.273	−0.368	−0.017	−0.518*
Lat	−0.687**	−0.103	0.237	0.403	−0.228	−0.734**	0.252
Alt	−0.822**	−0.119	0.391	0.269	−0.319	−0.711**	0.340
T_{mean}	0.695**	0.336	−0.340	−0.275	0.070	0.640**	−0.531*
T_{max}	0.616**	0.368	−0.367	−0.169	0.025	0.522*	−0.582*
T_{min}	0.716**	0.251	−0.290	−0.250	0.155	0.639**	−0.441
Prec	0.534*	−0.413	−0.218	−0.488*	0.577*	0.708**	0.258
SWC	−0.439	−0.189	0.093	0.341	−0.137	−0.588*	0.248
pH	−0.388	0.278	0.486*	0.248	−0.523*	−0.479	−0.057
GM	−0.218	−0.414	−0.181	0.240	0.267	−0.328	0.314
TN	−0.336	−0.441	−0.140	0.193	0.222	−0.362	0.368
TPH	−0.600*	−0.276	0.430	−0.063	−0.118	−0.340	0.480
TPO	0.103	−0.729**	−0.099	0.010	0.652**	0.011	0.517*
HN	−0.272	−0.284	0.113	−0.194	0.088	0.047	0.316
EPH	−0.476	−0.463	0.128	0.182	0.236	−0.422	0.424
EPO	0.039	−0.218	−0.056	0.081	0.191	−0.113	0.054

注：*表示在 0.05% 水平上相关性显著，**表示在 0.01% 水平上相关性显著。Long：经度；Lat：纬度；Alt：海拔；T_{mean}：年平均气温；T_{max}：最高气温；T_{min}：最低气温；Prec：年降雨量；SWC：土壤水分含量；GM：土壤有机质含量；TN：全氮；TPH：全磷；TPO：全钾；HN：水解性氮；EPH：有效磷；EPO：速效钾。各性状的缩写同表 2-3。

　　相关分析表明不同的地理因子、气候因子、土壤因子等与针叶性状

间的相关性大小不同，即不同因子对云南松群体不同针叶性状的影响是不同的。综合来看，温度对针叶长的影响最大，是云南松群体变异的主要选择因子。随着海拔的升高，针叶有变短的趋势，这可能是一种适应性变化，在高海拔地区，风力大、土层薄、土壤水分养分含量低，针叶变短有利于减少资源消耗量，从而提高云南松生长、生殖或其他适应所需的资源量，进而提高对高海拔环境的适应能力。

6. 针叶性状表型分化与地理距离、生态距离间的关系

为检测针叶性状各群体间的欧氏距离与其他环境因子间的相关性，将地理距离、基于土壤因子距离（9 个指标）、基于地理-气候因子距离（70 个指标）、基于地理-气候-土壤因子距离（79 个指标）求算的各群体间的生态距离，分别与基于针叶性状求算的各群体间的遗传距离进行 Mantel（1967）检测，获得的相关系数分别为 0.229 62、0.043 80、0.462 64 和 0.441 92。它们之间的相关性均大于 0，说明这些地理因子、土壤因子、地理-气候因子以及地理-气候-土壤因子均可能对群体间针叶性状的表型分化有影响，即随着地理、气候、土壤等因子在各群体间的差异增大，群体间的针叶性状表现出的差异也增大，但它们之间的相关性均未达到显著或极显著水平（$P > 0.05$），说明这些地理、气候、土壤因子不是决定群体间针叶性状表型分化的决定性因子。此外，从相关系数的大小来看，最低的是基于针叶性状群体间的遗传距离与基于土壤因子（9 个指标）群体间的生态距离之间的相关性（$r=0.043 80$），表明土壤因子的分化与其针叶性状的分化相关性较弱，这从相关性分析也可以看出（表 2-11），多数指标与土壤因子间的相关性不显著。最高的是基于针叶性状群体间的遗传距离与基于地理-气候因子（70 个指标）群体间的生态距离（$r=0.462 64$），表明地理位置、气候因子对其针叶性状差异的影响更大，而单独的地理距离对针叶性状的影响相对较小（$r =0.229 62$）。

针对不同性状各群体间的形态分化 P_{ST}，采用基于针叶性状各群体间的遗传距离、地理距离以及基于地理-气候因子（70 个指标）各群体间的生态距离进行 Mantel 检测，因上述分析针叶性状群体间的分化与土壤因子群体间的分化相关性较小，暂不分析涉及土壤因子的生态距离，结果见表 2-12。

表 2-12　不同地理分布区域云南松群体针叶性状与基于地理-气候因子欧氏距离间的 Mantel 检测相关系数

P_{ST}	NL	NW	FW	FSL	NL/NW	NL/FSL	FW/NW
I	0.241 99	0.435 81	0.114 77	0.457 55	0.516 08	0.486 80	0.408 50
II	0.283 71	0.004 05	0	0	0.208 96	0.070 38	0.144 53
III	0.377 53	0	0.158 30	0	0.151 17	0.354 75	0.066 22

注：各性状的缩写同表 2-3。I：基于 7 个针叶性状群体间的欧氏距离；II：地理距离；III：基于地理-气候因子群体间的欧氏距离。

由表 2-12 可知，不同性状在各群体间的表型分化 P_{ST} 与相应的基于针叶性状各群体间的遗传距离 Mantel 检测的相关系数波动于 0.115～0.516，针叶长/针叶粗最大、针叶束粗最小。但是，它们之间的相关性均未达到显著或极显著水平（$P>0.05$）。因此，用单一针叶性状来描述群体间的综合针叶性状时信息量均有损失，且不同的单一针叶性状对基于所有针叶性状群体间遗传距离的信息量贡献也不一样，其顺序分别为：针叶长/针叶粗＞针叶长/叶鞘长＞叶鞘长＞针叶粗＞针叶束粗/针叶粗＞针叶长＞针叶束粗。同样地，从相关系数的大小来比较，不同群体间各个针叶性状的分化与地理距离或基于地理-气候因子群体间分化的相关性大小也不一样，从地理距离的分布来看，相关性较大的是针叶长和针叶长/针叶粗。从地理-气候因子来看，相关系数较高的是针叶长，其次是针叶长/叶鞘长，即针叶长和针叶长/叶鞘长与地理、气候因子间的相关性较高（Xu et al.，2016b）。

2.2.1.2　不同地理分布区域云南松天然群体球果性状变异分析

1. 不同地理分布区域云南松群体间球果性状的变异特征

对测定的球果长、球果粗、球果重和球果长/球果粗 4 个球果性状进行巢式方差分析（表 2-13）。云南松 4 个球果性状在群体间和群体内

表 2-13　不同地理分布区域云南松天然群体球果性状的方差分析

性状	均方(自由度)			F	
	群体间	群体内	随机误差	群体间	群体内
CW	3 843.383(8)	580.161(211)	55.343(715)	69.45**	10.48**
CL	1 287.558(8)	376.731(211)	35.773(715)	35.99**	10.53**
CD	526.389(8)	45.272(211)	5.685(715)	92.59**	7.96**
CL/CD	0.433(8)	0.182(211)	0.020(715)	21.85**	9.19**

注：**表示在 0.01%水平上差异显著。各性状的缩写同表 2-3。

均呈极显著差异（$P<0.01$），表明云南松的球果性状在群体间和群体内存在广泛的变异。

　　进一步对各个群体均值进行 Tukey's 多重比较（表 2-14）。球果重量变化于 22.21～43.25 g，以 HQ 群体最重，而 EY 群体最轻，前者几乎为后者的 2 倍；球果长、球果粗均以 BH 群体为最高，分别为 68.37 mm 和 38.84 mm，而以 EY 和 SJ 的最小，分别为 57.33 mm 和 57.56 mm、31.38 mm 和 30.59 mm；球果形状指数差异较小，波动于 1.72～1.89，表明球果形状是比较稳定的。多数性状在两两群体间均存在显著差异，其中以 BH 群体的球果最大，其长度和粗度均显著高于其他群体的球果，而球果长/球果粗除 SJ、LX 和 HQ 群体与 BH 和 JS 群体间存在显著差异外，其他群体间均无显著差异。

表 2-14　不同地理分布区域云南松天然群体球果性状的均值及其多重比较
（Tukey, $a=0.05$）

群体	CW/g	CL/mm	CD/mm	CL/CD
BH	38.806±15.659 ab	68.37±12.85 a	38.84±4.73 a	1.76±0.24 bc
EY	22.210±9.550 d	57.33±7.91 d	31.38±3.83 de	1.84±0.27 ab
HQ	43.254±14.693 a	64.71±10.38 ab	34.34±3.57 bc	1.88±0.23 a
JS	29.277±9.388 c	59.98±9.55 bcd	34.74±3.32 b	1.72±0.19 c
KM	34.064±14.430 bc	62.84±10.10 bc	35.13±4.15 b	1.79±0.19 abc
LX	38.735±15.351 ab	63.95±11.44 abc	33.80±3.36 cd	1.89±0.27 a
MD	33.948±14.043 bc	59.23±11.06 cd	32.78±4.46 cd	1.81±0.25 abc
SJ	27.776±10.027 cd	57.56±10.89 d	30.59±3.56 e	1.88±0.28 a
TC	39.310±11.605 ab	63.15±7.83 bc	34.54±3.21 bc	1.83±0.13 abc
平均	34.153±12.750	61.90±10.22	34.01±3.80	1.82±0.23

注：字母相同者为差异不显著（$P>0.05$），字母不同者为差异显著（$P<0.05$）。群体名称的缩写见表 2-1，各性状的缩写同表 2-3。

2. 不同地理分布区域云南松群体球果性状的分化

　　对不同地理分布区域云南松球果性状进行方差分量分析（表 2-15）。结果表明 4 个球果性状表型分化系数波动于 5.85%～33.51%，其中球果粗的分化系数较高，球果长/球果粗的较低；平均为 17.41%，表明球果性状的变异主要存在于群体内，占 82.59%，而群体间的变异仅有17.41%。

表 2-15　不同地理分布区域云南松天然群体球果性状方差分量
及其表型分化系数

| 性状 | 方差分量 | | | 方差分量百分比/% | | | 表型分化 |
	群体间	群体内	随机误差	群体间	群体内	随机误差	/%
CW	31.776 74	123.770 86	55.343 16	15.07	58.69	26.24	20.43
CL	8.769 70	80.410 03	35.773 06	7.02	64.35	28.63	9.83
CD	4.704 44	9.335 85	5.685 39	23.85	47.33	28.82	33.51
CL/CD	0.002 38	0.038 26	0.019 80	3.93	63.30	32.76	5.85
平均				12.47	58.42	29.11	17.41

注：各性状的缩写同表 2-3。

对各性状成对群体间进一步分析形态分化 P_{ST}（表 2-16 和图 2-6）。球果重在各成对群体间的形态分化波动于 0.000 0～0.462 9，分化较大的是 TC 与 EY 群体，各成对群体间的形态分化均低于 0.5，其中有 1/6 成对群体间未表现出分化（P_{ST}=0.000 0）。球果长在各成对群体间的形态分化波动于 0.000 0～0.213 1，分化较大的也是 BH 与 EY 群体，相对于球果重量而言，球果长在各成对群体间的变化更小，其中有 1/3 的成对群体间未表现出分化。球果粗在各成对群体间的形态分化波动于 0.000 0～0.605 7，分化较大的是 BH 与 SJ 群体，这两个群体间的形态分化是所有球果性状中唯一高于 0.5 的。相对于球果长而言，球果粗在各成对群体间的变化稍大些，以 SJ、BH 群体与其他群体间的分化相对较明显，近 1/5 的成对群体间未表现出分化。球果长/球果粗在各成对群体间的形态分化波动于 0.000 0～0.145 5，分化较大的是 JS 与 HQ 群体，该性状是 4 个测定性状中表现较为稳定的，有近一半的群体间未表现出分化。

表 2-16　不同地理分布区域云南松天然群体球果性状的形态分化 P_{ST}

统计量	CW	CL	CD	CL/CD
平均值	0.124 1	0.051 5	0.162 1	0.026 4
最小值	0.000 0	0.000 0	0.000 0	0.000 0
最大值	0.462 9	0.213 1	0.605 7	0.145 5
极差	0.462 9	0.213 1	0.605 7	0.145 5
标准差	0.133 9	0.062 3	0.168 3	0.041 3
变异系数/%	107.89	121.02	103.80	156.57
分化最大的成对群体	TC *vs.* EY	BH *vs.* EY	BH *vs.* SJ	JS *vs.* HQ
P_{ST}>0.5 的群体	/	/	SJ、BH	/

注：各性状的缩写同表 2-3。

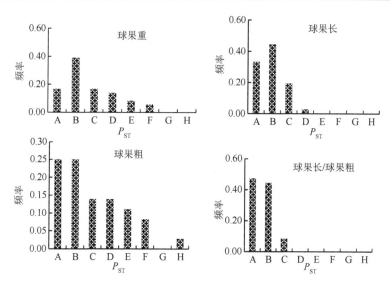

图 2-6　不同地理分布区域云南松天然群体球果性状形态分化 P_{ST} 的频率分布

注：A: $P_{ST}=0$；B: $0<P_{ST}\leqslant0.1$；C: $0.1<P_{ST}\leqslant0.2$；D: $0.2<P_{ST}\leqslant0.3$；E: $0.3<P_{ST}\leqslant0.4$；
　　F: $0.4<P_{ST}\leqslant0.5$；G: $0.5<P_{ST}\leqslant0.6$；H: $0.6<P_{ST}\leqslant0.7$。

3. 不同地理分布区域云南松群体内球果性状的变异特征

对同一群体的不同性状或同一性状的不同群体进行比较，9 个群体球果表型性状的变异系数和相对极差见表 2-17 和图 2-7。云南松 4 个球果表型性状的变异系数波动于 11.18%～37.60%，平均 19.45%，以球果重量的变异最大，而以球果粗和球果长/球果粗的变异较小，说明球果重量易受环境的影响，而球果粗、球果长/球果粗比较稳定。各球果性状变异幅度比针叶性状的小，球果性状在不同地区间的差异比针叶性状小，即球果性状比针叶性状稳定，不同群体间波动于 14.62%～21.81%，以 TC 群体的变异系数最小（14.62%），并且在 4 个测定的球果性状中均一致表现为最低，表明球果性状在该群体内的变异低；而以 MD（21.81%）和 BH（21.24%）群体的变异系数最大，说明球果性状在 MD 和 BH 群体内的变异丰富。EY 群体球果重的变异系数最大，为 43.00%，在 TC 群体最小，为 29.52%；球果长变异系数为 12.39%～18.91%，TC 群体最小，而 SJ 群体最大；球果粗在 TC 群体最小（9.30%），而在 MD 群体最高（13.60%）；同样地，球果长/球果粗在 TC 群体的变异系数最低，为 7.25%，在 SJ 群体最高，为 14.95%。4 个性状在 9 个群体间变异系数的极差大小顺序为：球果重（13.48%）＞球果长/球果粗（7.70%）

＞球果长（6.52%）＞球果粗（4.30%），以球果重在 9 个群体间的波动最大，球果粗的波动最小。基于 4 个球果表型性状 9 个群体的平均变异系数从大到小排序为 MD（21.81%）＞BH（21.24%）＞EY（20.90%）＞LX（20.47%）＞SJ（20.40%）＞KM（20.25%）＞HQ（18.18%）＞JS（17.19%）＞TC（14.62%），平均 19.45%。

表 2-17　不同地理分布区域云南松天然群体球果性状的变异系数（%）/相对极差

群体	CW	CL	CD	CL/CD	平均
BH	40.35/0.96	18.80/0.90	12.18/0.74	13.63/0.65	21.24/0.81
EY	43.00/0.45	13.79/0.44	12.22/0.46	14.60/0.49	20.90/0.46
HQ	33.97/0.63	16.04/0.74	10.38/0.46	12.33/0.61	18.18/0.61
JS	32.07/0.61	15.93/0.75	9.55/0.67	11.22/0.49	17.19/0.63
KM	42.36/0.78	16.08/0.68	11.80/0.61	10.75/0.57	20.25/0.66
LX	39.63/0.70	17.89/0.89	9.93/0.46	14.44/0.77	20.47/0.71
MD	41.37/0.87	18.67/0.81	13.60/1.00	13.59/0.96	21.81/0.91
SJ	36.10/0.47	18.91/0.73	11.64/0.61	14.95/0.74	20.40/0.64
TC	29.52/0.42	12.39/0.43	9.30/0.47	7.25/0.31	14.62/0.41
平均	37.60/0.66	16.50/0.71	11.18/0.61	12.53/0.62	19.45/0.65

注：群体名称的缩写见表 2-1，各性状的缩写同表 2-3。

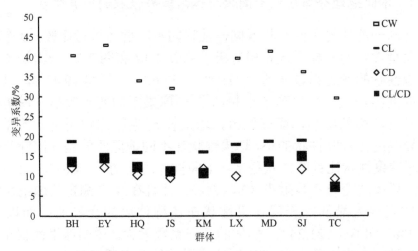

图 2-7　不同地理分布区域云南松天然群体球果性状的变异系数

注：群体名称的缩写见表 2-1，各性状的缩写见表 2-3。

球果重、球果长、球果粗及球果长/球果粗的相对极差分别为 0.66、0.71、0.61、0.62，4 个性状的最大相对极差和最小相对极差分别出现在 BH 和 TC 群体、BH 和 TC 群体、MD 和 EY/HQ/LX 群体、MD 和 TC 群体，与变异系数分析的结果比较吻合，进一步说明 BH 和 MD 群体变异程度比较高，而 TC 群体的变异比较低。

4. 基于球果性状不同地理分布区域云南松天然群体的聚类

基于 4 个球果性状，对 9 个群体进行主成分分析，结果见表 2-18 和图 2-8。第一主成分和第二主成分的贡献分别为 65.55%和 31.02%，两者的累积贡献为 96.57%，其中第一主成分主要解释球果长、球果粗和球果重，即球果的大小及其重量；第二主成分主要解释球果长/球果粗，即球果的形状。第一主成分将 BH 群体明显区分于其他群体，第三主成分使 MD 与其他群体区分开来。

表 2-18　不同地理分布区域云南松天然群体球果性状各主成分的载荷量

性状	PC1	PC2	PC3	PC4
CW	0.505 494	0.454 989	−0.731 310	0.051 443
CL	0.598 781	0.155 405	0.466 081	−0.632 520
CD	0.587 083	−0.260 550	0.293 504	0.708 027
CL/CD	−0.203 150	0.837 226	0.402 256	0.309 793

注：各性状的缩写同表 2-3。

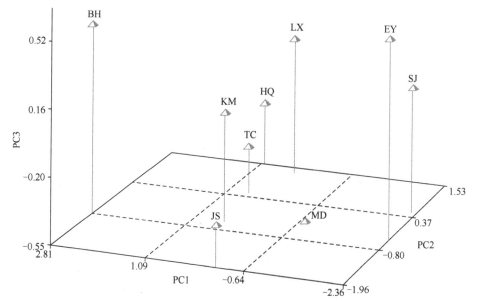

图 2-8　基于球果性状不同地理分布区域云南松天然群体的主成分分析三维图

注：群体名称的缩写见表 2-1。

结合前面所分析的 7 个针叶性状，与 4 个球果性状一起对 9 个群体进行主成分分析，结果见图 2-9。第一主成分、第二主成分和第三主成分的贡献分别为 41.62%、22.35% 和 21.43%，三者的累积贡献为 85.40%。第一主成分主要解释针叶粗、针叶长/针叶粗、针叶束粗/针叶粗、球果长、球果粗、球果长/球果粗，即反映针叶横向上的大小，以及球果大小和形状；第二主成分主要解释叶鞘长、针叶长/叶鞘长和球果重，即反映叶鞘长度及其球果重量；第三主成分主要解释针叶长和针叶束粗，反映针叶长度及针叶束的粗度。第一主成分将 BH 群体与其他群体明显区分开来，与图 2-8 单独采用球果性状的分析较为相似。

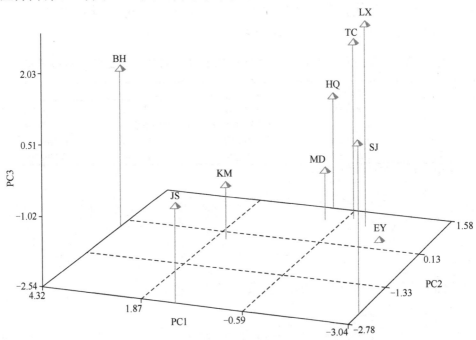

图 2-9　基于针叶性状和球果性状的不同地理分布区域云南松天然群体
主成分分析三维图

注：群体名称的缩写见表 2-1。

将 4 个球果性状在各群体的均值标准化后，计算各群体间的欧式距离，结果见表 2-19。各距离波动于 0.761～5.255，以 BH 群体和 SJ 群体间的距离最大，而以 HQ 群体和 LX 群体间的距离最小。

基于球果性状各成对群体间的欧氏距离，绘制云南松 9 个群体的 UPGMA 聚类图（图 2-10），结果表明，LX 和 HQ 群体最为相似，其次为 KM 和 TC、SJ 和 EY，表明上述群体的关系比较近。当以欧氏距离 2.8 为阈值时，9 个群体被分为 3 类：其中 BH 单独形成一类（I），SJ

和 EY 聚成另一类（II），其余 6 个群体形成第 3 类（III）。当以欧氏距离 1.5 为阈值时，可将第 3 类再分为 3 个亚类，其中 JS 独自形成一个亚类（III-1），最先与 KM、TC 和 MD3 个群体构成的第 2 亚类（III-2）分开，其次与 LX 和 HQ 两个群体形成的第 3 亚类分开（III-3）。

表 2-19　基于球果性状的不同地理分布区域云南松天然群体间的欧式距离

群体	BH	EY	HQ	JS	KM	LX	MD	SJ	TC
BH	0.000								
EY	5.186	0.000							
HQ	3.038	3.993	0.000						
JS	3.272	2.803	3.687	0.000					
KM	2.338	2.933	2.154	1.610	0.000				
LX	3.300	3.335	0.761	3.441	1.958	0.000			
MD	3.734	1.987	2.458	1.894	1.435	2.060	0.000		
SJ	5.255	1.130	3.409	3.324	2.993	2.750	1.828	0.000	
TC	2.593	3.291	1.128	2.562	1.074	1.101	1.565	2.961	0.000

注：群体名称的缩写见表 2-1。

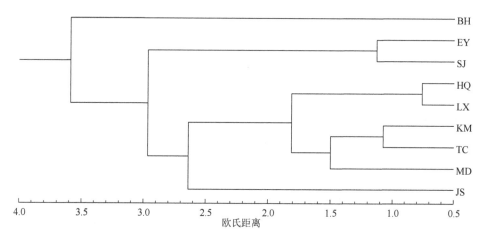

图 2-10　基于球果性状不同地理分布区域云南松天然群体的 UPGMA 聚类

注：群体名称的缩写见表 2-1。

　　结合前面所分析的 7 个针叶性状，与 4 个球果性状一起对 9 个群体进行 UPGMA 聚类，结果见图 2-11。LX 和 TC 群体最相似，其次为 MD 和 KM，说明上述群体遗传关系比较近。当以欧氏距离 4.3 为阈值时，9 个群体被分为 4 类：其中 BH（I）、JS（II）、SJ（IV）各自单独形成一类，其余 6 个群体形成第 3 类（III）。当以欧氏距离 3.2 为阈值时，可将第 3 类再分为 3 个亚类，其中 EY 单独形成一类（III-1），先与 HQ、

KM 和 MD3 个群体构成的第 2 亚类（III-2），再与 LX 和 TC 所形成的第 3 亚类（III-3）分开。

单独采用球果性状的聚类（图 2-10）与采用针叶性状和球果性状联合分析的聚类（图 2-11）比较来看，聚类的结果稍有出入，但总体趋势反映 BH 群体与其他群体的表型性状关系稍远，而 LX、TC、HQ、KM 和 MD 群体的关系相对比较近，在两种情况下的聚类均属于同一亚类中；其次是 EY 和这 5 个群体组成的亚类关系也较近。

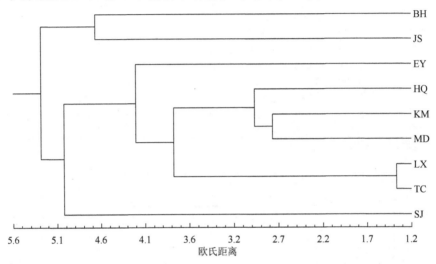

图 2-11　基于针叶性状和球果性状的不同地理分布区域云南松天然群体的
UPGMA 聚类

注：群体名称的缩写见表 2-1。

5. 不同地理分布区域云南松天然群体球果性状与环境因子间的相关性

云南松各球果性状与地理、气候及土壤因子间 Spearman's 相关分析表明（表 2-20），除球果长/球果粗与经度呈显著负相关外（$P<0.05$），与其他地理性状间相关性弱，说明球果表型性状的地理变异不明显，变异可能是随机的分布。从表中还可以看出，球果性状与土壤因子间的相关性也不显著，仅球果重与有机质含量、全氮，以及球果长/球果粗与全钾之间的相关性为显著正相关关系外（$P<0.05$），其他土壤因子间的相关性均未达到显著水平。

表 2-20　不同地理分布区域云南松天然群体球果性状与地理、气候
及土壤因子间的相关性分析 (Spearman's)

性状	CW	CL	CD	CL/CD
Long	−0.017	0.217	0.633	−0.711*
Lat	0.383	0.117	−0.017	0.151
Alt	0.133	−0.067	−0.083	0.176
T_{mean}	−0.136	0.102	0.043	−0.180
T_{max}	−0.227	0.034	0.008	−0.207
T_{min}	−0.171	0.060	0.026	−0.189
Prec	−0.117	−0.200	−0.250	0.360
SWC	0.238	0.310	0.214	0.168
pH	−0.262	−0.143	0.000	−0.216
GM	0.738*	0.548	0.214	0.479
TN	0.711*	0.482	0.169	0.479
TPH	0.319	0.037	−0.221	0.543
TPO	0.405	0.095	−0.238	0.719*
HN	0.214	0.048	0.238	0.048
EPH	0.500	0.048	−0.238	0.419
EPO	0.381	0.500	−0.119	0.683

　　注：*表示在 0.05% 水平上相关性显著。各性状的缩写同表 2-3，各地理、气候及土壤因子的缩写见表 2-11。

2.2.2　不同海拔梯度云南松天然群体遗传变异研究

2.2.2.1　不同海拔梯度云南松天然群体针叶性状变异分析

1. 不同海拔梯度云南松群体间针叶性状的变异特征

　　云南松针叶形态性状在不同海拔群体间和群体内的变异均方、F 以及显著性水平见表 2-21。结果表明，7 个针叶性状在群体间和群体内均

表 2-21　不同海拔梯度云南松天然群体针叶性状的方差分析

性状	均方(自由度)			F	
	群体间	群体内	随机误差	群体间	群体内
NL	747.698(6)	72.904(261)	2.213(2 430)	10.26**	32.94**
NW	0.903(6)	0.053(261)	0.007(2 430)	17.02**	7.50**
FW	6.808(6)	0.351(261)	0.032(2 430)	19.42**	10.94**
FSL	11.313(6)	1.274(261)	0.047(2 430)	8.88**	26.83**
NL/NW	1 409 482(6)	37 905(261)	6 832.602(2 430)	37.18**	5.55**
NL/FSL	741.905(6)	188.965(261)	14.702(2 430)	3.93**	12.85**
FW/NW	1.357(6)	0.495(261)	0.209(2 430)	2.74*	2.37**

　　注：*表示在 0.05% 水平上相关性显著；**表示在 0.01% 水平上相关性显著。各性状的缩写同表 2-3。

呈极显著差异（$P<0.01$），表明云南松针叶性状在不同海拔梯度群体间和群体内都存在广泛的差异。

进一步对各个群体针叶性状的变异特征分析，相应的各群体、各性状的平均值和标准差列于表 2-22。从 3 个采样地点 9 个群体来看，针叶粗和针叶束粗表现出相同的变异特征，变化于 0.35～0.53 mm 和 0.99～1.48 mm，最高值均出现在 YM-M，其次是 NL-H 群体，最低值均出现在 LJ-L，其次是 NL-L 群体。针叶长、叶鞘长、针叶长/针叶粗和针叶束粗/针叶粗分别波动于 14.66～21.12 cm、0.90～1.51 cm、297.72～530.26 和 2.76～2.98，最高值也表现出相同的变异特征，其最大值均出现在 YM-H 群体，其次是 LJ-H 群体，而最小值分别为 NL-H、NL-L、NL-H 和 NL-L 群体，其次均出现在 NL-M 群体。针叶长/叶鞘长变异于 14.35～19.56，表现为 NL-L 群体最高，而 LJ-H 群体最低。从各个采样地点的 3 个海拔梯度来看，也表现出一定的相同变异趋势。针叶长/叶鞘长在 3 个采样地点海拔梯度的变异均为最高值出现在低海拔群体、低值出现在高海拔群体，即随着海拔的升高而针叶长与叶鞘长的比值变小。叶鞘长和针叶束粗/针叶粗则表现出相反的变异趋势，在 3 个采样地点表现为最高值出现在高海拔群体、低值出现在低海拔群体，即随着海拔的升高叶鞘变长、针叶束粗与针叶粗的比值变大。其他几个性状有

表 2-22　不同海拔梯度云南松天然群体针叶性状的平均值及其多重比较
(Tukey, a=0.05)

采集地点	群体	NL/cm	NW/mm	FW/mm	FSL/cm	NL/NW	NL/FSL	FW/NW
LJ	LJ-L	16.08±3.55 b	0.35±0.10 b	0.99±0.27 b	0.97±0.31 b	482.26±130.76 a	17.77±5.73 a	2.88±0.46 b
	LJ-M	15.58±2.73 b	0.43±0.12 a	1.20±0.27 a	1.04±0.35 b	384.12±97.96 b	16.49±5.78 b	2.87±0.49 b
	LJ-H	19.99±3.49 a	0.42±0.10 a	1.23±0.25 a	1.51±0.45 a	495.07±109.92 a	14.35±4.68 c	2.98±0.41 a
	平均	17.22±3.26	0.40±0.11	1.14±0.26	1.18±0.37	453.81±112.88	16.20±5.40	2.91±0.45
NL	NL-L	15.87±2.51 a	0.40±0.11 c	1.06±0.23 c	0.90±0.34 b	421.75±107.63 a	19.56±6.45 a	2.76±0.55 ns
	NL-M	15.27±2.38 b	0.49±0.12 b	1.32±0.27 b	0.96±0.31 ab	330.63±88.31 b	17.37±5.60 b	2.78±0.54 ns
	NL-H	14.66±1.75 c	0.52±0.11 a	1.41±0.24 a	1.00±0.29 a	297.72±72.68 c	15.88±4.92 c	2.82±0.55 ns
	平均	15.27±2.21	0.47±0.11	1.26±0.25	0.95±0.31	350.03±89.54	17.60±5.66	2.79±0.55
YM	YM-L	18.91±3.07 c	0.47±0.10 b	1.29±0.21 b	1.20±0.45 c	413.47±88.65 b	17.81±6.82 a	2.81±0.46 b
	YM-M	19.69±3.14 b	0.53±0.10 a	1.48±0.24 a	1.31±0.44 b	379.04±70.12 c	16.19±4.20 b	2.83±0.40 b
	YM-H	21.12±3.87 a	0.41±0.10 c	1.21±0.27 c	1.51±0.62 a	530.26±111.35 a	16.00±5.91 b	2.98±0.48 a
	平均	19.90±3.36	0.47±0.10	1.33±0.24	1.34±0.50	440.92±90.04	16.67±5.64	2.87±0.45
总体平均		17.46±2.95	0.45±0.11	1.24±0.25	1.16±0.40	414.92±97.49	16.83±5.57	2.86±0.48

注：在同一采样地点 3 个海拔梯度群体间字母相同者为差异不显著（$P>0.05$），字母不同者为差异显著（$P<0.05$）。群体名称的缩写见表 2-2，各性状的缩写同表 2-3。

一定的差异，针叶长在 3 个采样地点表现均不一样，在 LJ 和 YM 采样地点，平均最长的针叶出现在高海拔群体，而在 NL 采样地点，最长的针叶出现在低海拔群体，但最低值在 LJ、NL 和 YM 采样地点分别出现在中海拔群体、高海拔群体和低海拔群体。针叶粗和针叶束粗在 LJ 和 NL 采样地点表现为随海拔的升高而变粗，而在 YM 采样地点，随着海拔的升高，其值表现为先升高后降低。针叶长与针叶粗的比值，在 LJ 和 YM 采样地点群体中表现为随着海拔的升高，先降低后升高。在 NL 采样地点表现为随着海拔升高，其比值逐渐降低。

2. 不同海拔梯度云南松群体针叶性状的分化

把各针叶形态性状的变异，采用巢氏方差分析，将变异分解为群体间变异、群体内变异和单株内变异（随机误差），对各层次的方差求算百分比，从而进一步求算表型分化系数，阐明变异来源。各采样地点不同海拔梯度云南松群体针叶形态性状的表型分化系数见表 2-23。

表 2-23　不同海拔梯度云南松天然群体针叶性状的表型分化系数 (%)

采样地点	NL	NW	FW	FSL	NL/NW	NL/FSL	FW/NW	平均
LJ	38.98	27.24	29.24	47.43	46.33	13.20	7.29	29.96
NL	5.90	44.32	57.59	0.74	62.08	16.56	0.00	26.74
YM	9.87	39.84	33.35	7.62	68.89	1.01	33.95	27.79
平均	18.25	37.13	40.06	18.59	59.10	10.26	13.75	28.16

注：群体名称的缩写见表 2-2，各性状的缩写同表 2-3。

由表 2-23 可知，7 个针叶性状的表型分化系数波动于 10.26%～59.10%，表型分化系数最大的是针叶长/针叶粗，最小的是针叶长/叶鞘长，表明针叶长/针叶粗在群体间的变异大于群体内的变异，以群体间的变异占优势，而针叶长/叶鞘长较其他几个性状而言，群体内的变异占优势，群体间相对稳定。在 7 个性状中，只有针叶长/针叶粗的表型分化系数大于 50%，而其余 6 个均低于 40%（其中针叶束粗为 40.06%），针叶长/叶鞘长、针叶束粗/针叶粗、针叶长和叶鞘长这几个性状的表型分化较低，表明这些性状在群体间相对稳定。7 个性状群体间的表型分化系数平均 28.16%，群体内的平均表型变异为 71.84%，群体内的变异远远大于群体间的变异，云南松针叶性状的表型变异主要存在于群体内，而群体间仅占小部分。

从 3 个采样地点来看，表型分化系数总的趋势为针叶长度、叶鞘长度以及这两个性状的比值表现出较低的表型分化系数，而针叶粗、针叶束粗、针叶粗/针叶束粗、针叶长/针叶粗等这几个与粗度相关的性状指标表现出较高的分化系数，说明长度性状的多数变异存在于群体内，同样粗度性状的变异也大部分存在于群体内，相对长度性状而言，粗度性状在群体间存在的变异更多。

3. 不同海拔梯度云南松群体内针叶性状的变异特征

对 3 个采样地点各 3 个群体分别求算其变异系数和相对极差，结果见表 2-24。7 个针叶性状在 3 个采样地点的群体中存在一定的差异，同一性状在不同采样地点不同群体中也存在差异。从 9 个群体总体来看，针叶长在 LJ-L 群体中最大，在 NL-H 群体中最小；针叶粗、针叶束粗和针叶长/针叶粗在 LJ-L 群体中最大，在 YM-M 群体中最小；叶鞘长在 YM-L 群体中最大，在 NL-H 群体中最小；针叶长/叶鞘长在 YM-L 群体中最大，在 YM-M 群体中最小；针叶束粗/针叶粗在 NL-L 群体中最大，在 LJ-H 群体中最小。

从同一采样地点不同群体来看，同一性状在 3 个群体中也存在差异。在 LJ 采样地点，针叶长、针叶粗、针叶束粗和针叶长/针叶粗 4 个针叶性状均表现为低海拔群体的变异系数最高，高海拔群体的变异系数最低；其余叶鞘长、针叶长/叶鞘长和针叶束粗/针叶粗 3 个性状均表现为变异系数高值出现在中海拔群体（LJ-M），而低值分别出现在高海拔群体（LJ-H）、低海拔群体（LJ-L）和高海拔群体（LJ-H）。在 NL 采样地点，除针叶长、针叶粗和针叶束粗 3 个性状外，叶鞘长和针叶长/叶鞘长也表现出同 LJ 采样地点一样的变异趋势，即变异系数高值出现在低海拔群体，变异系数低值出现在高海拔群体；针叶长/针叶粗和针叶束粗/针叶粗 2 个性状，高变异系数分别在中海拔群体（NL-M）和低海拔群体（NL-L），而变异系数低值分别在高海拔群体（NL-H）和中海拔群体（NL-M）。从表中的数据也可看出，在该采样地点，针叶束粗/针叶粗（FW/NW）相对于其他几个性状而言，其变异系数在 3 个海拔梯度群体中变化较小。在 YM 采样地点，针叶长、针叶粗、针叶束粗和叶鞘长 4 个性状均表现为高海拔群体（YM-H）的变异系数最高，变异系数低值出现在中海拔群体（YM-M）；针叶长/针叶粗、针叶长/叶鞘长和针叶束粗/针叶粗 3 个性状均在低海拔群体表现出较高变异系数。

表 2-24　不同海拔梯度云南松天然群体针叶性状的变异系数(%)/相对极差

性状	LJ				NL				YM				总体平均
	LJ-L	LJ-M	LJ-H	平均	NL-L	NL-M	NL-H	平均	YM-L	YM-M	YM-H	平均	
NL	22.11/0.86	17.50/0.57	17.47/0.93	19.02/0.79	15.79/1.00	15.61/0.86	11.96/0.68	14.45/0.85	16.24/0.95	15.97/0.76	18.34/0.97	16.85/0.89	16.78/0.84
NW	29.16/1.00	27.31/0.94	23.12/0.87	26.53/0.94	27.93/0.92	24.64/0.89	21.69/0.82	24.76/0.88	21.01/0.96	19.64/0.72	24.66/0.76	21.77/0.81	24.35/0.87
FW	27.43/0.99	22.43/0.83	20.62/0.86	23.49/0.89	21.81/0.80	20.59/0.90	16.69/0.83	19.70/0.84	16.51/0.80	16.12/0.65	22.02/0.92	18.22/0.79	20.47/0.84
FSL	31.42/0.64	33.89/0.60	29.59/0.96	31.63/0.73	37.19/1.00	32.19/0.88	29.33/0.88	32.91/0.92	37.29/0.78	33.78/0.74	41.30/0.96	37.46/0.83	34.00/0.83
NL/NW	27.11/0.95	25.50/0.64	22.20/0.81	24.94/0.80	25.52/0.92	26.71/0.79	24.41/0.53	25.55/0.75	21.44/0.74	18.50/0.53	21.00/0.83	20.31/0.70	23.60/0.75
NL/FSL	32.22/0.96	35.09/0.95	32.61/0.98	33.31/0.96	32.99/0.88	32.25/1.00	30.96/0.91	32.07/0.93	38.28/0.97	25.94/0.74	36.93/0.80	33.72/0.84	33.03/0.91
FW/NW	15.96/0.97	17.21/0.87	13.63/0.93	15.60/0.92	19.99/0.97	19.55/0.95	19.67/0.96	19.74/0.96	16.42/0.93	14.28/0.78	15.93/0.83	15.54/0.85	16.96/0.91
平均	26.49/0.91	25.56/0.77	22.75/0.91	24.93/0.86	25.89/0.93	24.51/0.90	22.14/0.80	24.17/0.88	23.89/0.88	20.60/0.70	25.74/0.87	23.41/0.81	24.17/0.85

注：群体名称的缩写见表 2-2，各性状的缩写同表 2-3。

　　同一群体中不同性状的变异程度也有差异，如 LJ 采样地点的 3 个海拔梯度群体中（LJ-L、LJ-M 和 LJ-H），针叶长/叶鞘长的变异系数最高，其次是叶鞘长，而针叶束粗/针叶粗的变异系数最低。在 NL 采样地点的 3 个海拔梯度群体中（NL-L、NL-M 和 NL-H）和 YM 采样地点的 3 个海拔梯度群体中（YM-L、YM-M 和 YM-H），表现的趋势与 LJ 采样地点的 3 个海拔梯度群体有相似之处，表现为变异系数高值出现在针叶长/叶鞘长和叶鞘长这两个性状，而低值出现在针叶束粗/针叶粗和针叶长这两个性状（仅 NL-H 群体除外，NL-H 群体变异系数低值出现在针叶长和针叶束粗两个性状）。

　　同一群体的不同性状或同一性状在不同群体变异系数的大小表现有一定的差异。各个采样地点 3 个群体不同性状变异系数的平均值表现出一定的相似性，即在 3 个采样地点中叶鞘长和针叶长/叶鞘长这两个性状的变异系数较高，而针叶束粗/针叶粗和针叶长这两个性状的变异系数相对较低。变异系数的大小可以间接描述群体表型性状的多样性丰富程度，一般来说，变异系数大的群体的表型性状变异幅度大，表型多样性丰富，反之，变异系数小的，表型性状的变异幅度小，表型多样性较低。从各性状的变异系数的平均值比较来看，在 LJ 和 NL 采样地点，均表现为低海拔群体＞中海拔群体＞高海拔群体。而 YM 采样地点有一定的差异，表现为高海拔群体＞低海拔群体＞中海拔群体。

　　相对极差也可用来描述群体中不同个体极端取值的变异程度，按各采样地点来看，针叶长/叶鞘长的相对极差在 3 个采样地点均较大，其他性状在各采样地点间存在一定的差异，与变异系数的趋势有所不同。尽管不同性状的相对极差变异的趋势在各个采样地点存在一定的差异，但在不同海拔梯度间却存在一定的相似性，表现为低海拔群体的相对极差平均值最高，最低的相对极差 LJ 和 YM 采样地点出现在中海拔群体，NL 采样地点出现在高海拔群体。

4. 不同海拔梯度云南松天然群体针叶性状的表型多样性指数

　　对不同海拔梯度云南松 9 个群体针叶性状进行 Shannon-Wiener 多样性指数的计算，结果见表 2-25。云南松 9 个群体的平均 Shannon-Wiener 多样性指数为 1.940 3，显示了较高的多样性，3 个地点中以 NL 的表型多样性最高。表型多样性指数随海拔变化无明显规律，各个采样地点分别以 LJ-M、NL-L、YM-H 的表型多样性较高，但不同海拔梯度群体间的差异不明显。

表 2-25　不同海拔梯度云南松天然群体针叶性状的表型多样性指数

性状	多样性指数			群体	多样性指数
	LJ	NL	YM		
NL	1.888 3	2.010 2	1.990 9	LJ-L	1.951 0
NW	1.932 1	1.979 6	1.956 5	LJ-M	1.955 3
FW	1.981 3	1.930 4	1.934 8	LJ-H	1.908 0
FSL	1.885 2	1.904 4	1.881 7	NL-L	1.994 8
NL/NW	2.011 6	1.854 5	1.807 2	NL-M	1.988 0
NL/FSL	1.857 7	1.935 9	1.862 1	NL-H	1.885 6
FW/NW	2.010 5	2.078 0	2.052 8	YM-L	1.922 8
				YM-M	1.839 1
				YM-H	2.017 8
平均	1.938 1	1.956 1	1.926 6		1.940 3

注：群体名称的缩写见表 2-2，各性状的缩写同表 2-3。

5. 基于针叶性状不同海拔梯度云南松天然群体的聚类

基于针叶性状，先将 3 个采样地点的 9 个群体进行聚类分析，结果见图 2-12a。聚类的结果并非完全按采样地点进行聚类，在欧氏距离为 3.0 时，可以分为 3 大类，第 1 大类（I）是由 LJ 和 NL 采样地点的低海拔群体（LJ-L 和 NL-L）组成，第 2 大类（II）组成较为复杂，包括 LJ、NL 和 YM 3 个采样地点，同时也包括了低、中和高海拔群体，共 5 个群体，在该大类中，又可分为 3 个亚类，这 3 个亚类与采样地点来源比较一致，即 LJ-M 单独为 1 个亚类（II-1），NL-M 和 NL-H 为 1 个亚类（II-2），YM-L 和 YM-M 为第 3 个亚类（II-3）；第 3 大类（III）是 LJ 和 YM 的高海拔群体（LJ-H 和 YM-H）组成。在上述分析的基础上，对不同采样地点的 3 个群体再单独进行分析。LJ（图 2-12b）和 YM 采样地点（图 2-12d）群体的聚类存在一定的相似性，均表现为低海拔群体和中海拔群体先聚为一类，再与高海拔群体相聚。而 NL 采样地点（图 2-12c）有细微的差别，表现为高海拔群体和中海拔群体先聚为一类，再与低海拔群体相聚，而且在该采样地点，高海拔群体和中海拔群体之间的距离比较小，表型性状的差异比较低。

6. 不同海拔梯度云南松天然群体针叶性状与海拔、土壤因子间的相关性

对不同海拔梯度群体的针叶性状均值与各土壤因子间相关性分析

（表 2-26），各针叶性状与土壤因子间的相关性不明显，除针叶束粗与土壤全钾含量间为显著负相关外（$r=-0.717$），其余的相关性均不显著（$P>0.05$）。这与前面不同地理分布区域分析的相似，绝大多数针叶性状与土壤因子间的相关性不显著。

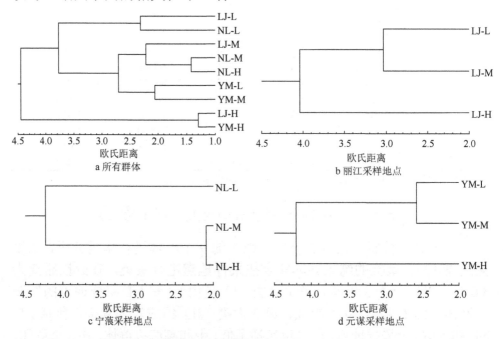

图 2-12　基于针叶性状不同海拔梯度云南松天然群体的 UPGMA 聚类

注：群体名称缩写见表 2-2。

表 2-26　不同海拔梯度云南松天然群体针叶性状与海拔、
土壤因子间的相关性分析（Spearman's）

性状	Alt	SWC	pH	GM	TN	TPH	TPO	HN	EPH	EPO
NL	−0.494	−0.160	−0.259	−0.500	−0.483	−0.617	−0.067	−0.533	−0.233	−0.383
NW	0.226	−0.084	0.159	0.133	0.100	−0.100	−0.650	0.450	−0.300	0.050
FW	0.276	0.017	0.109	0.167	0.100	−0.050	−0.717*	0.450	−0.150	0.033
FSL	−0.310	−0.203	−0.477	−0.483	−0.500	−0.617	−0.133	−0.333	−0.417	−0.400
NL/NW	−0.368	−0.051	−0.393	−0.400	−0.367	−0.283	0.400	−0.583	0.067	−0.233
NL/FSL	−0.343	0.169	0.452	−0.033	0.050	−0.100	0.100	−0.083	0.083	0.250
FW/NW	−0.318	−0.262	−0.444	−0.383	−0.450	−0.283	0.333	−0.517	−0.283	−0.550

注：*表示在 0.05%水平上相关性显著。海拔、土壤因子的缩写见表 2-11，各性状的缩写同表 2-3。

2.2.2.2 不同海拔梯度云南松天然群体种实性状变异分析

1. 不同海拔梯度云南松群体间种实性状的变异特征

从表 2-27 的方差分析结果可以看出，云南松 13 个种实性状中除种子重外，其余 12 个种实性状在群体间均存在极显著差异，且 13 个种实性状在群体内均存在极显著差异。

表 2-27　不同海拔梯度云南松天然群体种实性状的方差分析

性状	均方			F	
	群体间	群体内	随机误差	群体间	群体内
CW	12 303.198	850.183	83.681	146.89**	10.20**
CL	5 649.607	392.701	42.030	134.42**	9.34**
CD	764.080	90.508	9.376	81.49**	9.65**
CL/CD	0.817	0.188	0.021	39.64**	9.13**
SWL	3.913	0.742	0.035	111.21**	21.09**
SWW	0.434	0.061	0.006	71.21**	9.93**
SWL/SWW	20.548	3.055	0.246	83.68**	12.44**
SL	0.024	0.031	0.003	8.15**	10.50**
SW	0.064	0.016	0.002	33.11**	8.29**
ST	0.757	0.689	0.030	25.37**	23.09**
SL/SW	1.582	0.550	0.104	15.25**	5.30**
SQ	0.000 027	0.000 202	0.000 013	2.12	15.63**
SWTW	0.000 105	0.000 236	0.000 014	7.68**	17.28**

注：**表示在 0.01%水平上差异显著。各性状的缩写同表 2-3。

各种实性状的均值和标准差列于表 2-28，从表可以看出，云南松球果性状在群体间存在显著差异，YM-L 群体的球果重、球果长、球果粗、球果长/球果粗的平均值最小，YM-H 群体的球果长、球果长/球果粗的平均值最大，YM-M 群体的球果重、球果粗的平均值最大。云南松种翅性状在群体间也存在显著差异，其中种翅长、种翅长/种翅宽在 YM-L 群体平均值最低，在 YM-M 群体平均值最大；种翅宽在群体 YM-M 的平均值最小，在群体 YM-H 的平均值最大。云南松种子性状在不同群体间也存在差异，种子长、种子宽在 YM-M 群体平均值最小，在 YM-L 群体的平均值最大；种子厚、种子重在 YM-H 群体的平均值最小，在群体 YM-L 的平均值最大；种子长/种子宽在 YM-L 群体的平均值最小，在 YM-H 群体的平均值最大。以上结果表明，球果性状与种翅性状随着海拔的升高而变大，种子性状中除了种子长/种子宽外，其他性状随海拔的升高而变小。

表 2-28　不同海拔梯度云南松天然群体种实性状的平均值和标准差

群体	CW/g	CL/mm	CD/mm	CL/CD	SWL/cm	SWW/cm	SWL/SWW
YM-L	25.038±8.173	50.35±6.66	30.80±0.39	1.65±0.25	0.99±0.21	0.49±0.09	2.06±0.55
YM-M	47.362±16.771	63.83±9.94	36.40±0.48	1.76±0.19	1.16±0.25	0.48±0.09	2.47±0.66
YM-H	42.377±18.649	64.55±13.78	34.97±0.61	1.84±0.25	1.14±0.27	0.54±0.08	2.14±0.54
平均	38.417±17.959	59.62±12.31	34.10±0.55	1.75±0.24	1.10±0.25	0.51±0.09	2.22±0.61

群体	SL/cm	SW/cm	ST/mm	SL/SW	SQ/g	SWTW/g
YM-L	0.38±0.06	0.25±0.05	2.13±0.23	1.59±0.33	0.013±0.004	0.014±0.005
YM-M	0.37±0.06	0.23±0.05	2.09±0.24	1.68±0.35	0.013±0.004	0.015±0.004
YM-H	0.38±0.06	0.23±0.05	2.05±0.21	1.70±0.35	0.013±0.004	0.014±0.005
平均	0.38±0.06	0.24±0.05	2.09±0.23	1.66±0.35	0.013±0.004	0.015±0.005

注：群体名称的缩写见表 2-2，各性状的缩写同表 2-3。

2. 不同海拔梯度云南松群体种实性状的分化

进一步对这些变异进行分析，以了解变异在群体间和群体内的分布状况，表型分化系数如表 2-29 所示。从表可以看出，云南松 13 个种实性状的表型分化系数的幅度为 0.00%～44.47%，平均为 18.54%，群体内的变异大于群体间，表明云南松群体内的变异是种实性状变异的主要来源。不同性状间的表型分化系数存在着波动，其中较大的为球果长度（44.47%）、球果重（44.38%），而种子种翅总重（0.00%）、种子长（0.00%）、种子重（0.00%）等的表型分化较低，表明这几个性状较其他性状在群

表 2-29　不同海拔梯度云南松天然群体种实性状的方差分量及表型分化系数

性状	方差分量			方差分量百分比/%			表型分化系数/%
	群体间	群体内	随机误差	群体间	群体内	随机误差	
CW	125.974 85	157.862 16	83.680 90	34.28	42.95	22.77	44.38
CL	57.826 39	72.221 16	42.030 29	33.60	41.97	24.43	44.47
CD	7.275 96	16.709 23	9.376 01	21.81	50.09	28.10	30.34
CL/CD	79	0.034 51	0.020 61	10.49	56.04	33.47	15.76
SWL	0.006 8	0.025 53	0.035 18	10.06	37.82	52.12	21.01
SWW	0.000 80	0.001 97	0.006 09	9.06	22.17	68.76	29.01
SWL/SWW	0.037 58	0.101 45	0.245 55	9.77	26.38	63.85	27.03
SL	0.000 00	0.001 00	0.002 91	0.00	25.53	74.47	0.00
SW	0.000 10	0.000 51	0.001 93	4.03	19.99	75.99	16.72
ST	0.000 08	0.023 80	0.029 84	0.14	44.31	55.55	0.32
SL/SW	0.002 19	0.016 10	0.103 73	1.79	13.20	85.01	11.96
SQ	0.000 00	0.000 00	0.000 01	0.00	34.56	65.44	0.00
SWTW	0.000 00	0.000 00	0.000 01	0.00	37.02	62.98	0.00
平均				10.39	34.77	54.84	18.54

注：各性状缩写见表 2-3。

体间更稳定。进一步分析可知，球果、种翅和种子性状表型分化系数的均值分别为 33.74%、25.68%和 5.80%，以种子性状在群体间的变异最为稳定。

3. 不同海拔梯度云南松群体内种实性状的变异特征

用变异系数 CV 表示表型性状值的离散程度，变异系数越大，则性状值离散程度越大，反之则越小。从表 2-30 可以看出，其中球果重、种子种翅总重、种子重的平均变异系数较大，较小的是种子厚和球果长/球果粗。重量性状的变异系数要大于形状性状的变异系数，形状较重量的稳定性高。在形状变异方面，球果的形状指数变异相对球果其他性状较小，球果长/球果粗的平均变异系数为 13.14%，说明在群体内球果的形状指数较球果其他性状稳定；种子与种翅的形状指数变异相对各自其他性状较大，其中种子长/种子宽的平均变异系数为 20.78%，种翅长/种翅宽为 26.20%，说明在群体内种子和种翅的形状指数较各自其他性状变异大。球果、种翅和种子性状的平均变异系数分别为 14.76%、21.97%和 17.23%，以球果形状性状的稳定性较高。不同群体的变异系数也有所不同，表现为高海拔（22.82%）＞低海拔（21.28%）＞中海拔（21.02%），以高海拔群体稍高，但它们之间的差异较小。

表 2-30　不同海拔梯度云南松天然群体种实性状的变异系数(%)/相对极差

性状	YM-L	YM-M	YM-H	平均
CW	32.64/0.43	35.41/0.78	44.01/0.97	37.35/0.73
CL	13.22/0.43	15.57/0.61	21.34/1.00	16.71/0.68
CD	12.54/0.37	13.29/0.40	17.48/0.95	14.44/0.57
CL/CD	15.25/0.72	10.64/0.54	13.52/0.82	13.14/0.69
SWL	21.03/0.69	21.20/0.81	23.60/1.00	21.94/0.83
SWW	18.86/0.83	18.85/0.83	15.59/0.83	17.77/0.83
SWL/SWW	26.64/1.00	26.87/0.96	25.10/0.78	26.20/0.91
SL	16.55/1.00	16.37/1.00	16.17/1.00	16.36/1.00
SW	21.85/1.00	20.31/1.00	20.24/1.00	20.80/1.00
ST	10.92/1.00	11.74/0.88	10.24/0.73	10.97/0.87
SL/SW	20.59/1.00	20.99/1.00	20.75/1.00	20.78/1.00
SQ	34.82/1.00	32.83/0.96	35.72/0.88	34.46/0.95
SWTW	31.67/1.00	29.44/0.96	32.96/0.92	31.36/0.96
平均	21.28/0.81	21.02/0.83	22.82/0.91	21.71/0.85

注：群体缩写见表 2-2，各性状缩写见表 2-3。

4. 不同海拔梯度云南松天然群体种实性状的表型多样性指数

通过多样性指数分析（表 2-31），结果表明，元谋云南松 3 个群体的平均 Shannon-Wiener 多样性指数为 1.661 7，显示出较高的多样性，其中多样性指数从高到低依次为 YM-H（1.691 2）＞YM-M（1.674 0）＞YM-L（1.620 0）。说明元谋云南松种实表型多样性指数随海拔的升高而升高，但三者间的差距较小，各海拔群体间的表型多样性无明显差异。就每一个性状而言，元谋云南松 13 个种实性状的平均多样性指数为 1.738 6，变化范围在 0.699 8～2.058 2，从大到小依次为：球果长/球果粗（2.058 2）＞种子种翅总重（2.049 0）＞球果长（2.047 1）＞种子重（2.033 8）＞种子厚（2.019 5）＞种翅长/种翅宽（1.992 2）＞种翅长（1.987 2）＞球果重（1.967 4）＞球果粗（1.967 3）＞种子长/种子宽（1.537 5）＞种翅宽（1.298 5）＞种子长（0.944 4）＞种子宽（0.699 8），除种子长和种子宽外，其他种实性状的多样性指数均较高。

表 2-31　不同海拔梯度云南松天然群体种实性状表型多样性指数

性状	Shannon-Wiener 多样性指数	群体	Shannon-Wiener 多样性指数
CW	1.967 4	YM-L	1.620 0
CL	2.047 1	YM-M	1.674 0
CD	1.967 3	YM-H	1.691 2
CL/CD	2.058 2	平均	1.661 7
SWL	1.987 2		
SWW	1.298 5		
SWL/SWW	1.992 2		
SL	0.944 4		
SW	0.699 8		
ST	2.019 5		
SL/SW	1.537 5		
SQ	2.033 8		
SWTW	2.049 0		
平均	1.738 6		

注：群体缩写见表 2-2，性状缩写见表 2-3。

5. 不同海拔梯度云南松天然群体种实性状与海拔、土壤因子间的相关性

对元谋云南松 13 个种实性状的平均值及各群体的变异系数、Shannon-Wiener 多样性指数与海拔、土壤因子进行了相关性分析和检验。由表 2-32 可知，各性状与海拔间的相关性不明显，其中种子厚与海拔呈

表 2-32 不同海拔梯度云南松天然群体种实性状与海拔、土壤因子间的相关性分析(Pearson's)

性状	CW	CL	CD	CL/CD	SWL	SWW	SWL/SWW	SL	SW	ST	SL/SW	SQ	SWTW
Alt	0.600	0.792	0.638	0.981	0.795	0.667	0.052	-0.163	-0.717	-1.000**	0.905	-0.479	-0.092
SWC	-0.725	-0.516	-0.692	-0.079	-0.511	0.817	-0.986	0.961	0.610	-0.100	-0.318	-0.927	-1.000*
pH	0.571	0.332	0.532	-0.124	0.326	-0.917	0.932	-0.886	-0.437	0.299	0.120	0.984	0.974
GM	0.553	0.755	0.591	0.968	0.759	0.710	-0.006	-0.105	-0.675	-0.997*	0.879	-0.529	-0.150
TN	0.467	0.686	0.508	0.939	0.690	0.776	-0.106	-0.005	-0.598	-0.985	0.827	-0.611	-0.248
TPH	0.769	0.912	0.798	0.999*	0.914	0.477	0.282	-0.387	-0.859	-0.976	0.979	-0.263	0.141
TPO	0.008	0.274	0.055	0.675	0.28	0.979	-0.551	0.455	-0.162	-0.795	0.475	-0.907	-0.665
HN	0.481	0.698	0.522	0.698	0.522	0.944	-0.598	0.766	-0.232	-0.022	-0.988	-0.611	0.702
EPH	0.019	0.285	0.066	0.683	0.291	0.977	-0.542	0.445	-0.174	-0.802	0.486	-0.902	-0.657
EPO	0.116	0.377	0.163	0.751	0.382	0.952	-0.458	0.356	-0.268	-0.856	0.568	-0.856	-0.581

注:*表示在 0.05%水平上相关性显著，**表示在 0.01%水平上相关性显著。海拔、土壤因子的缩写见表 2-11，各性状缩写见表 2-3。

极显著负相关（$P<0.05$），球果、种翅性状均与海拔呈正相关关系，种子性状中除种子长/种子宽外，其余均与海拔呈负相关关系，即随着海拔的升高，球果逐渐变大、变重，种翅逐渐变大，种子逐渐变小、变轻。13 个种实性状与土壤因子的相关性程度不同，仅有少数性状与部分土壤因子间存在显著的相关性，其中种子种翅总重与土壤中的含水量呈显著的负相关关系（$P<0.05$），种子厚与土壤中的有机质呈显著的负相关关系（$P<0.05$），球果长/球果粗与土壤中的全磷呈显著的正相关关系（$P<0.05$）。元谋云南松 13 个种实性状中只有 3 个与土壤因子存在相关性，总体来看，所观测的种实性状与土壤因子间的相关性不明显。

2.3 讨 论

2.3.1 表型性状变异的广泛性

云南松针叶、球果、种子性状表型特征在群体间和群体内均存在极显著差异，较高的遗传变异奠定了丰富的物质基础，近年云南松群体遗传方面研究报道较多（许玉兰，2015；徐杨等，2015，2016；许玉兰等，2016；Xu et al.，2016b；邓丽丽等，2016a，2016b，2017a，2017b）。在其他林木中也有类似的报道，李斌等（2002）研究表明白皮松球果性状在群体间和群体内的方差分量分析结果与上述结果类似，并强调这种差异一方面来自遗传，另一方面更可能来自生态环境。辜云杰等（2009）通过对川西云杉 12 个天然种群 360 个单株的球果（球果长、球果粗、球果长/球果粗）和针叶（针叶长、针叶粗、针叶长/针叶粗）性状，揭示群体间和群体内存在广泛变异，类似的研究报道较多，如在地中海白松 *Pinus halepensis*（Melzack et al.，1981）、台库努曼松 *Pinus tecunumanii*（Piedra，1984）、白松 *Pinus strobes*（Beaulieu and Simon，1995）、土耳其红松 *Pinus brutia*（Calamassi et al.，1988）、北美短叶松 *Pinus banksiana*（Maley and Parker，1993）、云杉（罗建勋和顾万春，2005；王娅丽等，2008；王娅丽和李毅，2008）、油松（*Pinus tabuliformis*）（刘永红等，2010）、红松（张恒庆等，1999）、华北落叶松（李文荣等，1992）、长白松（邹春静等，1995）等研究中报道表型性状均表现出变异的广泛性。不同海拔梯度云南松群体针叶和种实性状 Shannon-Wiener 多样性指数分析表明，云南松群体表现出丰富的表型多样性（徐杨等，2015，2016）。

丰富的变异一方面成为优异种质选择的源泉，同时给多样性保护提供了物质基础（王娅丽等，2008；王娅丽和李毅，2008），其遗传改良工作可获得较大的增益（柳新红等，2011）。云南松表型性状存在广泛的变异性，如虞泓等（1999）揭示了云南松居群内雄球花多态性显著，居群间多型性也较明显。表型是遗传型和环境型共同作用的结果，表型变异可能蕴藏着遗传变异，表型变异越大，可能存在的遗传变异越大，一般认为表型变异往往具有适应意义，自然群体中保持大的变异贮存对群体是有利的，群体内多种基因型所对应的表型范围越广，群体在整体上适应环境的能力更强（王娅丽等，2008；王娅丽和李毅，2008）。邹春静等（1995）也提到，长白松种群在对不同环境及气候条件长期的适应过程中，其针叶性状发生了比较大的变异，形成了不同的变异类型，这些类型的形成为长白松扩大营林面积及分布区，推广引种驯化和迁地保护提供了可能性。植物群体中保持大的变异对于群体是有益的，群体内多种基因型所对应的表型范围越广，可以使群体整体适应环境的变化性（竺利波等，2007）。因此，云南松丰富的表型变异是云南松适应性广、抗逆性强的基础。

2.3.2　群体间的表型分化

不同性状在群体间存在极显著差异，说明群体间的环境差异可能会导致群体表型性状的变异。在所测定的针叶、球果和种子性状中，多数性状的表型分化系数均低于 50%，表明云南松群体遗传变异以群体内为主。云南松是典型的长寿命、风媒传粉植物，结实率较高，群体内随机交配程度相当高，群体间基因流动频率较大。因此，云南松群体内具有较高的遗传变异，遗传多样性十分丰富（舒筱武等，2000）。类似的研究报道较多，辜云杰等（2009）通过对川西云杉分析表明性状表型分化系数为 31.93%；罗建勋和顾万春（2005）以云杉全分布区 10 个有代表性天然群体 300 个个体为试材，分析针叶表型分化系数为 10.70%，群体间的变异远远小于群体内的变异；在青海云杉的研究中表明针叶形状指数即针叶长/针叶宽的表型分化系数为 54.20%，针叶长、针叶宽的表型分化系数分别为 49.45% 和 27.66%（王娅丽等，2008；王娅丽和李毅，2008）。在红松的研究报道中，不同种群表型分化系数不一样，以针叶长性状来看，种群内和种群间的相差不大，分别为 23.72% 和 26.83%，而 49.45% 的变异来自个体内（张恒庆等，1999）。云南松多数性状平均表型分化系数低于 50%，表现为群体内的变异是云南松表型性状变异的主要来源。与前期研究报道的形态分化系数（V_{ST}=36%）相似，而大大高于基因位点的分化系数（G_{ST}=11%）（虞泓和黄瑞复，1998），也高于SSR 标记揭示的 F_{ST}（Xu et al., 2016a）。松树在这方面的研究报道较多，多数报道均表明群体内的变异占大多数，如对红松针叶、球果、种子和树皮等 7 个性状的研究表明有大约 23%是来自群体间，其余大部分变异约 77%来自群体内的个体间（张恒庆等，1999）；Piedra（1984）对 *P. tecunumanii* 针叶、球果及种子结果分析表明 2/3 以上的变异来自于单株间；Calamassi 等（1988）对针叶形态及其解剖特征的研究，结果表明所研究的全部性状均表现为群体间的变异小于群体内的变异；Maley 和Parker（1993）对 *Pinus banksiana* 球果及其针叶性状的分析，群体间的变异仅占 1.6%~18.9%。由此可知，多数树种的表型分化系数低于 50%，群体间的多样性程度低于群体内的多样性，性状变异以群体内变异为主。一般来说，群体内的变异体现群体的稳定性，而分布在群体间的变异反映在不同环境中的适应能力，群体间变异越大，该生物适应的环境越广，也与地理、生殖隔离有关；分布在群体间的变异占的比例小，并不能说明群体间不存在显著性差异，当然不同基因在群体间差异的分布可能是不同的（庞广昌和姜冬梅，1995）。群体内的变异远远大于群体间的变异，但群体间变异的意义却大于群体内变异，因为存在于群体间的变异反映了地理、生殖隔离上的变异，群体间的多样性变异是种内多样性的重要组成部分（王娅丽等，2008）。

2.3.3　表型性状变异的趋势

云南松群体针叶、球果和种子性状与地理、生态及土壤因子间存在一定的相关性，但不同因子对表型性状的影响不一样。前期研究表明，温度对针叶长的影响最大，是云南松群体变异的主要选择因子。随着海拔的升高，针叶有变短的趋势，这可能是一种适应性变化，在高海拔地区，风力大、土层薄、土壤水分养分含量低，针叶变短有利于减少资源消耗量，从而提高云南松生长、生殖或其他适应所需的资源量，进而提高对高海拔环境的适应能力（Xu et al., 2016b）。综合多个性状，分析群体间表型性状分化与地理距离、生态距离间的相关性，结果表明，云南松天然群体针叶表型性状的地理变异不明显，相比较而言，生态因子的综合影响较地理分布对针叶性状的影响大。同样地，云南松表型性状与海拔梯度的相关关系不明显。但不同的性状与地理距离、生态距离间的相关性大小不一，综合分析云南松天然群体针叶性状的变异以多个因子共同分析为宜。王昌命等（2003）从滇东南、滇中、滇西北采样的研究表明，从低海拔到高海拔，针叶变短，从北到南随着纬度降低，温度升高，针叶有变长的趋势，这可能是云南松适应周围环境，对地理、气候的变化长期选择的结果。针叶是松属植物体进行光合作用、蒸腾作用和呼吸作用的重要器官（Parkhurst，1986），环境条件对针叶的生长、形态有一定的影响。辜云杰等（2009）在研究表型性状时，通过各性状间的相关性分析表明，针叶长与温度变化有关；罗建勋和顾万春（2005）对 17 个性状与采样地的地理生态因子分析揭示了云杉种内群体表型变异在空间分布上呈现以纬度为主的单向变异模式；王娅丽等（2008）在青海云杉表型性状变异的分析可知，17 个表型性状呈现出以经度变异为主的梯度规律性。有研究报道认为，温度影响细胞的分裂，低温环境可以减少新叶片细胞分裂的次数（Korner and Larcher，1988），温度升高可促进针叶的延伸（Olszyk et al.，1998）。总体来看，云南松针叶性状的地理变异趋势不明显，如 Maley 和 Parker（1993）对 *Pinus banksiana* 64 个天然林分针叶及其球果性状的分析，对针叶变异模式的无规律性认为可能是源于东、西两个不同迁移路线或两个不同的避难所。云南松不明显的地理变异趋势可能与其连续分布有关。

2.4　小　　结

不同表型性状在各群体间和群体内个体间均存在极显著差异，表明变异存在的广泛性，不同性状在各个群体间的变异规律有所差异，大多数性状的变异主要来自于群体内，表型分化系数低于 50%，而大多数两两群体间的分化都很低，甚至没有分化。用变异系数来衡量不同性状在不同群体间的波动情况，总体是南部的 YJ 群体、东部的 GN 群体和 XW 群体、中部的 TL 和 BH 群体表现出较高的变异系数，说明这些群体内针叶性状的遗传变异比较丰富。经各性状与地理、气候、土壤因子相关分析，地理变异趋势不明显，只有少部分性状与这些生态环境因子间存在显著或极显著的相关关系。不同表型性状对揭示群体间的遗传距离关系贡献不一样，综合多个性状能反映群体间的遗传关系。经主成分分析、聚类分析，各群体的聚类并不完全与地理分布进行聚类。经各性状欧氏距离与地理距离、生态距离相关性分析，由地理隔离、生态分异等引起针叶性状变异的趋势不明显，但由生态分异引起的作用大于地理隔离的作用，表明地理、气候和土壤因子对云南松群体间的分化有一定的决定作用。经聚类分析，各群体的聚类并不完全与地理分布进行聚类。

球果性状在各个群体间和群体内均存在极显著差异，同样表明变异存在的广泛性。同样地，各性状的变异主要存在于群体内，各球果性状表型分化系数较低，两两群体间的表型分化也说明群体间的分化较弱。从变异系数来看，不同群体间在各球果性状上的变异系数存在波动，以南端 SJ 群体最高。因此，南端群体可能含有较高的遗传多样性。相关性分析表明，各球果性状与地理、气候、土壤因子间的相关性较弱，不存在明显的地理变异趋势。经主成分分析、聚类分析，基于球果性状对各个群体聚类，结果表明，不同群体间的聚类并不完全按照地理分布来聚类。

不同海拔群体的针叶性状在群体间和群体内均存在极其丰富的变异，平均表型分化系数分析表明群体内的变异是表型变异的主要来源。Shannon-Wiener 多样性指数表明云南松群体有较高的表型多样性。相关性分析表明，云南松针叶表型性状及多样性指数与海拔间的相关性不显著。不同海拔梯度群体的种实表型性状分析，揭示云南松种实性状在群体间和群体内存在着丰富的遗传差异，表型分化系数揭示群体内的变异是云南松群体种实性状变异的主要来源。3 个不同海拔群体的Shannon-Wiener 多样性指数比较相近且较高，表明云南松天然群体种实性状具有较高的表型多样性。各种实性状与土壤因子表现出较弱的相关关系，微生境对其遗传变异有一定的影响，但与海拔呈现出不显著的相关性。

参 考 文 献

邓丽丽, 孙琪, 许玉兰, 等, 2016a. 云南松不同茎干类型群体针叶性状表型多样性比较[J]. 西南林业大学学报, 36(3): 30-37.

邓丽丽, 张代敏, 徐杨, 等, 2016b. 云南松不同类型群体种子形态及萌发特征比较[J]. 种子, 35(2): 1-6.

邓丽丽, 周丽, 蔡年辉, 等, 2017a. 基于针叶性状的云南松不同茎干类型遗传变异分析[J]. 西南农业学报, 30(3): 530-534.

邓丽丽, 朱霞, 和润喜, 等, 2017b. 云南松不同茎干类型种实性状表型多样性比较[J]. 种子, 36(3): 4-9.

葛颂, 王明庥, 陈岳武, 1998. 用同工酶研究马尾松群体的遗传结构[J]. 林业科学, 24(11):

399-409.

辜云杰, 罗建勋, 吴远传, 等, 2009. 川西云杉天然种群表型多样性[J]. 植物生态学报, 33(2): 291-301.

顾万春, 2004. 统计遗传学[M]. 北京: 科学出版社.

李斌, 顾万春, 卢宝明, 2002. 白皮松天然群体种实性状表型多样性研究[J]. 生物多样性, 10(2): 181-188.

李文荣, 齐力旺, 韩有志, 1992. 山西华北落叶松天然林的地理分布和种群变异规律的研究[J]. 林业科学, 28(6): 493-501.

刘永红, 高桂琴, 崔嵬, 等, 2010. 油松天然群体种实性状表型多样性分析[J]. 种子, 29(9): 44-49.

柳新红, 李因刚, 赵勋, 等, 2011. 白花树天然群体表型多样性研究[J]. 林业科学研究, 24(6): 694-700.

罗建勋, 顾万春, 2005. 云杉天然群体表型多样性研究[J]. 林业科学, 41(2): 66-83.

毛建丰, 李悦, 刘玉军, 等, 2007. 高山松种实性状与生殖适应性[J]. 植物生态学报, 31(2): 291-299.

庞广昌, 姜冬梅, 1995. 群体遗传多样性和数据分析[J]. 林业科学, 31(6): 543-550.

舒筱武, 郑畹, 李思广, 等, 2000. 云南松壮苗培育与幼林生长相关性的研究[J]. 云南林业科技, (4): 1-9.

王昌命, 王锦, 姜汉侨, 2003. 云南松针叶的比较形态学研究[J]. 西南林学院学报, 23(4): 4-7.

王娅丽, 李毅, 2008. 祁连山青海云杉天然群体的种实性状表型多样性[J]. 植物生态学报, 32(2): 355-362.

王娅丽, 李毅, 陈晓阳, 2008. 祁连山青海云杉天然群体的种实性状遗传多样性研究[J]. 林业科学, 44(2): 70-77.

徐杨, 邓丽丽, 周丽, 等, 2015. 云南松不同海拔天然群体种实性状表型多样性研究[J]. 种子, 34(11): 70-74, 79.

徐杨, 周丽, 蔡年辉, 等, 2016. 云南松不同海拔群体的针叶性状表型多样性研究[J]. 云南农业大学学报(自然科学), 31(1): 109-114.

许玉兰, 2015. 云南松天然群体遗传变异研究[D]. 北京: 北京林业大学.

许玉兰, 蔡年辉, 陈诗, 等, 2016. 基于针叶性状云南松天然群体表型分化研究[J]. 西南林业大学学报, 36(5): 1-9.

虞泓, 黄瑞复, 1998. 云南松居群核型变异及其分化研究[J]. 植物分类学报, 36(3): 222-231.

虞泓, 杨彩云, 徐正尧, 1999. 云南松居群花粉形态多态性[J]. 云南大学学报(自然科学版), 21(2): 86-89.

张恒庆, 安利佳, 祖元刚, 1999. 天然红松种群形态特征地理变异的研究[J]. 生态学报, 19(6): 932-938.

竺利波, 顾万春, 李斌, 2007. 紫荆群体表型性状多样性研究[J]. 中国农学通报, 23(3): 138-145.

邹春静, 卜军, 徐文铎, 1995. 长白松种群针叶性状及其变异的研究[J]. 生态学杂志, 14(2): 18-22.

Beaulieu J, Simon J P, 1995. Variation in cone morphology and seed characters in *Pinus strobes* in

Quebec[J]. Canadian Journal of botany, 73(2): 262-271.

Belletti P, Ferrazzini D, Piotti A, et al., 2012. Genetic variation and divergence in Scots pine (*Pinus sylvestris* L.) within its natural range in Italy[J]. European Journal of Forest Research, 131(4): 1127-1138.

Boratyńska K, Jasińska A K, Ciepłuch E, 2008. Effect of tree age on needle morphology and anatomy of *Pinus uliginosa* and *Pinus silvestris*-species-specific character separation during ontogenesis[J]. Flora, 203(8): 617-626.

Calamassi R, Puglisi S R, Vendramin G G, 1988. Genetic variation in morphological and anatomical needle characteristics in *Pinus brutia* Ten[J]. Silvae Genetica, 37(5-6): 199-206.

Dangasuk O G, Panetsos K P, 2004. Altitudinal and longitudinal variations in *Pinus brutia* (Ten.) of Crete Island, Greece: some needle, cone and seed traits under natural habitats[J]. New Forest, 27(3): 269-284.

Donahue J K, Upton J L, 1996. Geographical variation in leaf, cone and seed of *Pinus gregii* in native forests[J]. Forest Ecology and Management, 82(1): 145-157.

Hijmans R J, Cameron S E, Parra J L, et al., 2005. Very high resolution interpolated climate surfaces for global land areas[J]. International Journal of Climatology, 25(15): 1965-1978.

Karhu A, Vogl C, Moran G F, et al., 2006. Analysis of microsatellite variation in *Pinus radiata*, reveals effects of genetic drift but no recent bottlenecks[J]. Journal of Evolutionary Biology, 19(1): 167-175.

Körner C, Larcher W, 1998. Plant life in cold elimates[J]. Symposium of the Society of Experimental biology, 42(1): 25-57.

Leinonen T, O'hara R B, Cano J M, et al., 2008. Comparative studies of quantitative trait and neutral marker divergence: a meta-analysis[J]. Journal of Evolutionary Biology, 21(1): 1-17.

López R, López de Heredia U, Collada C, et al., 2013. Vulnerability to cavitation, hydraulic efficiency, growth and survival in an insular pine (*Pinus canariensis*)[J]. Annals of Botany, 111(6): 1167-1179.

Maley M L, Parker W H, 1993. Phenotypic variation in cone and needle characters of *Pinus banksiana* (jack pine) in northwestern Ontario[J]. Canadian Journal of Botany, 71(1): 43-51.

Mantel N, 1967. The detection of disease clustering and generalized regression approach[J]. Cancer Research, 27(2): 209-220.

Melzack R N, Grunwald C, Schiller G, 1981. Morphological variation in Aleppo pine (*Pinus halepensis* Mill.) in Israel[J]. Israel Journal of Botany, 30(4): 199-205.

Olszyk D, Wise C, Vaness E, et al., 1998. Phenology and growth of shoots, needles, and buds of Douglas-fir seedlings with elevated CO_2 and (or) temperature[J]. Canadian Journal of Botany, 76(12): 1991-2001.

Parkhurst D F, 1986. Internal leaf structure: a three-dimensional perspective[M]//Givnish T J. On the economy of plant form and function. Cambridge: Cambridge University Press: 215-250.

Piedra E T, 1984. Geographic variation in needles, cones and seeds of *Pinus tecunumanii* in Guatemala[J]. Silvae Genetica, 33(2/3): 72-79.

Raeymaekers J A M, Van Houdt J K J, Larmuseau M H D, et al., 2007. Divergent selection as revealed by P_{ST} and QTL-based F_{ST} in three-spined stickleback (*Gasterosteus aculeatus*) populations along a coastal-inland gradient[J]. Molecular Ecology, 16(4): 891-905.

Rohlf F J, 1994. NTSYS-PC: Numerical taxonomy and multivariate analysis system, version 1.80[CP]. Setauket New York: Distribution by Exeter SoftWare.

Sanchez M, Ingrouille M J, Cowan R S, et al., 2014. Spatial structure and genetic diversity of natural populations of the Caribbean pine, *Pinus caribaea* var. *bahamensis* (Pinaceae), in the Bahaman archipelago[J]. Botanical Journal of the Linnean Society, 174(3): 359-383.

Sevık H, Ayan S, Turna I, et al., 2010. Genetic diversity among populations in Scotch pine (*Pinus silvestris* L.) seed stands of Western Black Sea Region in Turkey[J]. African Journal of Biotechnology, 9(43): 7266-7272.

Spitze K, 1993. Population-structure in *Daphnia obtusa*: quantitative genetic and allozymic variation[J]. Genetics, 35(2): 367-374.

Urbaniak L, Karlinski L, Popielarz R, 2003. Variation of morphological needle characters of Scots pine (*Pinus silvestris* L.) populations in different habitats[J]. Acta Societatis Botanicorum Poloniae, 72(1): 37-44.

Xu Y L, Cai N H, Woeste K, et al., 2016a. Genetic diversity and population structure of *Pinus yunnanensis* by simple sequence repeat markers[J]. Forest Science, 62(1): 38-47.

Xu Y L, Woeste K, Cai N H, et al., 2016b. Variation in needle and cone traits in natural populations of *Pinus yunnanensis*[J]. Journal of Forestry Research, 27(1): 41-49.

第 3 章　云南松天然群体 SSR 分子标记遗传多样性的研究

3.1　材料与方法

3.1.1　材料

1. 不同地理分布区域云南松天然群体材料

同 2.1.1 中的材料，采集当年生针叶，硅胶干燥，室温保存，用于 DNA 提取及 SSR 分析，各群体的样本量详见表 2-1。群体 LJ 和 GS 在 SSR 分析时采用的是实生苗，该材料来源于北京林业大学采集种子定植，种子的采集及其制种按照 Mao 等（2009）文献描述，获得的种子定植于西南林业大学苗圃内（102°45′E，25°04′N，海拔 1945 m），每个群体从播种的 300 株苗木中随机抽取 24 株用于 SSR 分析。

2. 不同海拔梯度云南松天然群体材料

同 2.1.1 中的材料，采集方法同上所述，每个群体选取 30 个样品用于后续分析。

3.1.2　研究方法

3.1.2.1　DNA 提取

针对样本材料大多数为成熟针叶，开展 DNA 提取裂解液的选择、材料保存方式的比较，选择 CTAB 提取法（Doyle and Doyle，1990），并增加 CTAB 的用量，即 4×CTAB（4 g/100 mL）（白青松等，2013）。具体的提取及纯化步骤如下：

（1）剪取样本针叶，加入适量 PVP 及液氮研磨至粉末状，装入 2 mL 离心管至 1/3 处左右，每个单株装数管，置于-80℃备用。

（2）取装有冻粉的离心管，加 50 μL β-巯基乙醇，再加入 1 000 μL 提取缓冲液（已在 65℃水浴锅中预热），65℃水浴 40 min 以上，其间每

5～10 min 颠倒轻摇离心管。

（3）取出离心管，擦净管壁的水滴，离心 10 min（4℃，12 000 r/min）。

（4）取上清液于另一新离心管中，加入等体积酚：氯仿：异戊醇（体积比 25：24：1），轻摇 10 min，再离心 10 min（4℃，12 000 r/min）。

（5）取上清液于另一新离心管中，加入等体积氯仿：异戊醇（体积比 24：1），轻摇 10 min，再离心 10 min（4℃，12 000 r/min），视情况重复该步骤 1～2 次。

（6）取上清液于 1.5 mL 离心管中，先后加入 1/10 体积乙酸钠、2 倍体积无水乙醇（-20℃预冷），-20℃沉淀 DNA。

（7）离心 3～5 min（4℃、12 000 r/min），倾去上清液，用 75%乙醇洗涤 2 次，无水乙醇洗涤 1 次，倾去上清液后晾干（至无乙醇味为止），加入 100 μL TE 以溶解 DNA，置于 4℃冰箱过夜。

（8）加入 3 μL RNA 酶，37℃水浴 15～30 min，重复步骤（4）、（5），直至中间相无杂质为止。取上清，重复步骤（6）、（7）。

提取纯化的 DNA 置于-20℃冰箱保存。

3.1.2.2　SSR-PCR 反应体系

首先开展云南松 SSR-PCR 体系的建立与优化研究，针对影响 PCR 反应中的 5 个因素，每个因素设 4 个水平，即 Taq 聚合酶（0.50、0.75、1.00、1.25 U）、Mg^{2+}（1.5、2.0、2.5、3.0 mmol/L）、dNTP（0.1、0.2、0.3、0.4 mmol/L）、引物（0.2、0.3、0.4、0.5 μmol/L）、DNA 模板（10、20、30、40 ng），正交设计 $L_{16}(4^5)$ 进行试验，各处理按 5 个成分进行加样，另加入 1 μL 的 10×PCR buffer（终浓度为 1×PCR buffer），其余用 ddH_2O 补足，反应体系 10 μL，重复 3 次。SSR-PCR 扩增反应中采用火炬松 SSR 引物 PtTX2123（Elsik et al.，2000），由生工生物工程（上海）有限公司合成。扩增产物用 1.5%琼脂糖凝胶检测，120 V 恒压下电泳 40 min，Bio Imaging System（GeneGenins 公司）观测、拍照和分析。参照何正文等（1998）的方法，依扩增条带的敏感性和特异性（即条带强弱及杂带的数量）计分，分数越高，表示敏感性、特异性越好，分析比较获得最佳的云南松 SSR-PCR 反应体系，最后用群体样本验证其稳定性，建立云南松 SSR-PCR 反应体系（10 μL）：模板 DNA 的用量为 30 ng，Taq DNA 聚合酶的用量为 1 U，Mg^{2+}的浓度为 2 mmol/L，dNTPs 浓度为 0.4 mmol/L，引物的浓度为 0.2 μmol/L。扩增程序：94℃预变性

4 min；94℃变性 45 s，退火温度退火 30 s，72℃延伸 30 s，30 个循环；72℃延长 10 min，4℃保存（张瑞丽等，2012）。

3.1.2.3　SSR 引物的开发与筛选

1. 从近缘种中筛选 SSR

近缘种中筛选的引物来源于火炬松、辐射松、北美乔松等物种（Elsik et al.，2000；Elsik and Williams，2001；Kutil and Williams，2001；Devey et al.，2002；Zhou et al.，2002；王鹏良，2006），共 59 对，由生工生物工程（上海）有限公司合成。参考各引物的 T_m，按 $T_m \pm 5℃$ 设置 6 个不同的退火温度，筛选确定各引物的退火温度及其可扩增性，扩增产物的检测同本章中 3.1.2.2 所述。然后采用地理分布相隔较远的 5 个群体（FN、HQ、XW、LX 和 KM）（表 2-1）样本筛选多态性引物，经琼脂糖凝胶初检为多态性的引物送至北京睿博兴科生物技术有限公司，采用自动测序仪荧光分型进一步检测引物多态性（Schuelke，2000）。

2. 基于云南松基因组磁珠富集法 SSR 引物的开发

筛选的引物多态性效果不佳，着手云南松基因组 DNA 微卫星富集文库构建、引物的设计与筛选以及云南松 EST-SSR 引物的开发。

1）云南松基因组 DNA 微卫星富集文库的构建

按照 Glenn 和 Schable（2005）磁珠富集方法构建云南松微卫星富集文库，包括 DNA 提取、酶切、接头制备及其与酶切产物的连接、杂交、磁珠富集微卫星、富集片段与载体的连接、转载子的克隆等环节。基因组 DNA 采用 4×CTAB 提取，步骤详见 3.1.2.1 所述；限制性内切酶 RsaI（GT^AC）消化基因组 DNA；双链接头，序列为 SuperSNX24-F：5′GTTTAAGGCCTAGCTAGCAGAATC3′、SuperSNX24+4P-R：5′pGATTCTGCTAGCTAGGCCTTAAACAAAA3′，其中反向单链 SuperSNX-R5′磷酸化，且 3′加上 AAAA 尾巴；混合探针杂交，包括(AG)$_{12}$、(AT)$_{12}$、(CG)$_{12}$、(GT)$_{12}$、(ACG)$_{12}$、(ACT)$_{12}$ 和(CCA)$_8$ 等 7 种，均在 5′端标记生物素。云南松基因组 DNA 经酶切、接头连接后，将生物素标记的微卫星寡核苷酸与连接产物进行杂交，捕捉含微卫星的 DNA 片段。以富集反应 DNA 产物为模板进行 PCR 扩增，然后与载体 pGEMR-T Easy 连接，转入大肠杆菌 JM109 感受态细胞，获得微卫星富集文库，经蓝白斑筛选，随机挑选阳性菌落，以 M13 为引物进行 PCR 扩增，DNA 测序，检

测是否含有插入片段以及片段大小。引物由生工生物工程（上海）有限
公司合成，测序由北京六合华大基因科技股份有限公司完成。

2）云南松基因组 DNA 微卫星富集文库序列特征分析

将上述测序结果进行分析以鉴定文库中微卫星 DNA 的富集效率，
评价文库质量。序列经在线软件 VecScreen（http://www.ncbi.nlm.nih.gov/
tools/vecscreen/）查找去除载体序列，采用 Clustal X（Jeanmougin et al.，
1998）比对，去除冗余序列，用 SSRHunter（李强和万建民，2005）搜
索 1~6 bp 重复≥3 次的微卫星，同时也筛选中间被少数碱基打断的复
合微卫星。按 Weber（1990）的分类标准将序列划分为完美型、不完美
型和复合型。

3）基于云南松基因组磁珠富集法 SSR 引物设计与筛选

含有 SSR 位点插入片段的序列用 Primer Premier 5.0（http://www.
premierbiosoft.com/）设计引物，按系统默认设置，并避免二聚体结构、
错配等情况发生。设计的引物由生工生物工程（上海）有限公司合成，
首先筛选确定引物的退火温度和可扩增性，对可扩增的引物采用 LJ、
GN 和 LX 3 个群体共 32 个个体筛选多态性引物，各群体的信息详见表2-1。
扩增产物采用 8%非变性聚丙烯酰胺凝胶电泳检测其多态性，并进一步
由北京睿博兴科生物技术有限公司采用自动测序仪荧光分型进一步检
测确定引物的多态性（Schuelke，2000）。扩增后多态性的引物再用近缘
树种高山松（*P. densata*）、马尾松（*P. massoniana*）、思茅松（*P. kesiya*
var. *langbianensis*）、细叶云南松（*P. yunnanensis* var. *tenuifolia*）和油松
进行可转移性的检测，这些近缘树种分别采自云南香格里拉、贵州玉屏、
云南普洱、广西乐业和河南卢氏。除油松外的 4 个树种均采自成熟植株
上的当年生针叶，油松取自北京林业大学采种后在云南松生境下育苗的
2 年生幼嫩针叶，DNA 提取同本章中 3.1.2.1 所述，SSR-PCR 反应体系
及扩增程序同本章中 3.1.2.2 所述。

3. 基于云南松转录组 SSR 引物的开发

1）转录组测序及其序列组装

采集云南松幼嫩针叶，提取 RNA，构建 cDNA 文库，采用 Illumina
Hiseq 2000 平台测序，统计原始数据的数量及其长度。对原始数据经去
除测序接头、重复冗余序列及低质量的序列数据等，获得 clean reads，
统计 clean reads 的数量、总长度、Q20、N%、GC%等，其中 Q20 表示

过滤后质量不低于 20 碱基的比例，N 表示过滤后不确定碱基的比例。采用 Trinity 软件（http://trinityrnaseq.github.io/）进行 *de novo* 组装（Grabherr et al.，2011；Haas et al.，2013），首先通过序列之间的 overlap 将序列延伸为 Contig，再根据序列的双末端信息（paired-end reads），将 Contig 连接，得到 Unigene，然后去冗余和进一步拼接，再对这些序列进行同源转录本聚类，得到最终的 Unigene，分析 Contig 和 Unigene 的长度及其分布。

2）SSR 位点的搜索

使用 MicroSatellite（MISA，http://pgrc.ipk-gatersleben.de/misa/）搜索转录组序列中 1～6 bp 的微卫星，搜索标准为单核苷酸、二核苷酸、三核苷酸、四核苷酸、五核苷酸和六核苷酸最少重复次数分别为 12、6、5、5、4 和 4 次。设计引物时的主要参数为 GC 含量 40%～60%，最适 GC 含量 50%；退火温度 58～63℃，最适退火温度 60℃；引物长 18～22 bp，最适长度 20 bp，预期扩增产物长度 100～400 bp，最适长度 200 bp，且无二聚体结构、错配等。

3）基于云南松转录组 SSR 引物的设计与筛选

设计的引物，采用 FN、KM、NL-L、YJ 4 个群体各 6 个样本进行可扩增性和多态性的筛选，群体的信息详见表 2-1 和表 2-2，并进一步采用部分引物在高山松、马尾松、思茅松、细叶云南松和油松中进行可转移性的检测。PCR 反应体系为 30 μL，其中包括 H_2O 21.5 μL，10×Ex *Taq* buffer 3 μL，2.5 mmol/L 的 dNTPs 2 μL，10 mmol/L 的引物各 1 μL，模板 DNA 1 μL，Ex *Taq* 0.5 μL。反应程序为 95℃预变性 2 min；然后 95℃变性 30 s，退火温度退火 20 s，72℃延伸 30 s，35 个循环；最后 72℃条件下延伸 10 min。其余同前面 3.1.2.3 中所述的"云南松基因组 SSR 引物设计与筛选"。

3.1.2.4　土壤样品的采集与测定

同 2.1.2.2 所述。

3.1.2.5　气候资料的获取

同 2.1.2.3 所述。

3.1.3　数据分析

3.1.3.1　SSR 分布特征分析

基于云南松基因组和转录组序列，分析 SSR 出现频率、发生频率、平均距离、重复类型、基元组成等分布特征，其中出现频率=搜索到的 SSR 数量/总 Unigene 序列数量；发生频率=SSR 的 Unigene 数/总的 Unigene 数；SSR 分布的平均距离=总 Unigene 长度/搜索到的 SSR 数量（黄海燕等，2013；鄢秀芹等，2015）。

3.1.3.2　遗传多样性的 SSR 分析

利用 GeneMarker V1.75（Applied Biosystems），以 GS500LIZ 为标准，设置相应参数，人工逐一校对，获得 SSR 分型数据，利用 Convert 1.3.1（Glaubitz，2004）将数据转换成相应的分析文件。利用 Micro-Checker V 2.2.3（Van Oosterhout et al.，2004）检测无效等位基因，或因为弥散或大的等位基因缺失而导致的误判，在后续的分析中，去除存在较高频率的无效等位基因的位点（Belletti et al.，2012）。利用 POPGENE V 1.32（Yeh et al.，1997）检测各群体成对位点间的连锁不平衡（LD，linkage disequilibrium）。采用 GenALEx 6.4（Peakall and Smouse，2006）检测 Hardy-Weinberg 平衡，计算等位基因数（N_a）、有效等位基因数（N_e）、Shannon's 信息指数（I）、观测杂合度（H_o）、期望杂合度（H_e）和固定指数（F）等遗传参数，评价各群体的遗传多样性水平，其中固定指数（F）衡量群体内个体间的自交情况（Weir and Cockerham，1984）。

采用 GenALEx 6.4 估算 F 统计量，以检验群体中基因型实际比例与 Hardy-Weinberg 理论期望比例的偏离程度（Cockerham and Weir，1993），包括 F_{IS}（群体内近交系数）、F_{ST}（群体间遗传分化系数）和 F_{IT}（总群体的近交系数）（Bradley，2004）。用 F_{ST} 估算成对群体间的分化，根据公式（$1-F_{ST}$）/$4F_{ST}$ 估算成对群体间的基因流 N_m（Wright，1951；Slatkin and Barton，1989）。利用 Arlequin 3.5（Excoffier and Lischer，2010）进行分子方差分析（AMOVA，analysis of molecular variance），估测遗传变异在群体间和群体内的分配。应用 STRUCTURE 2.3.3（Pritchard et al.，2000；Falush et al.，2003，2007），采用 LOCPRIOR 模型（Hubisz et al.，2009），将 MCMC（Markov's chain Monte Carlo）开始时的不作数迭代（length of burnin period）设为 100 000 次，再将不作数迭代后的

MCMC（number of MCMC reps after burnin）设为 200 000 次，设 $K = 2 \sim$ $K = 10$，每个 K 独立运行 10 次，最后依据 ΔK（Evanno et al.，2005）选出合适的 K 值，ΔK 由基于相邻 K 值的 LnP（D）的差值求算。经划分后各类群再次分别单独进行 STRUCTURE 分析以检测各类群内是否存在遗传亚结构（Pollegioni et al.，2014）。

利用 PowerMarker V3.25（Liu and Muse，2005）计算 Nei's（1983）遗传距离（D），运用 NTSYS-pc 2.10s 软件生成 UPGMA 聚类图。与此同时，基于遗传距离，运用 GenALEx 6.4 进行主坐标分析（PCoA，principal coordinate analysis）。SPSS 软件分析遗传多样性参数与地理、气候、土壤因子间的 Spearman's 相关性。

3.1.3.3　遗传分化的检测

采用软件 Earth Explorer 6.1（http://www.freshfolder.com/file-12506）计算群体间的地理距离（km），使用 NTSYS-pc 2.10s 软件进行 Mantel 检测地理隔离（IBD，isolation by distance）（Wright，1943）。与此同时，生态条件的差异也可能导致群体间的分化，与之相对应的即生态隔离（IBE，isolation by ecology）（Wang，2013），选用基于经度、纬度和海拔 3 个地理因子（表 2-1）、9 个土壤因子（详见 2.1.2.2 所述）和 67 个气候因子（详见 2.1.2.3 所述），数据经标准化后，组间连接法，计算各成对群体间的地理距离或生态距离。采用 NTSYS-pc 2.10s 软件 1 000 个随机矩阵进行 Mantel 检测 IBD 和 IBE。此外，同样的方法检测不同标记间即表型标记遗传距离（针叶性状）与分子标记（SSR）遗传距离间的相关性。

3.2　结果与分析

3.2.1　云南松 SSR 引物的获得

3.2.1.1　基于云南松基因组微卫星富集文库的构建及 SSR 引物的开发

1. 云南松微卫星富集文库的构建

采用 4×CTAB 提取的云南松基因组比较完整，无明显降解，浓度和纯度均较高（图 3-1a），可用于微卫星富集文库的构建。在基因组 DNA

中加入限制性内切酶 *Rsa*I，经过一定时间（2 h）的酶切消化，取 4 μL 酶切产物，1.5%琼脂糖凝胶电泳检测（图 3-1b），酶切产物主要分布在 300～1 000 bp，弥散状，分布均匀，DNA 酶切比较完全。将酶切产物在 T_4 连接酶的作用下与 SuperSNX 双链接头连接，1.0%琼脂糖凝胶电泳检测连接产物（图 3-1c），扩增产物在 500～1 000 bp 呈弥散状，无明显主带，分布均匀，亮度适中，说明 DNA 酶切片段和接头连接成功。经混合探针杂交，磁珠富集目的片段，以接头为引物进行 PCR 扩增获得微卫星富集片段，经 1.0%琼脂糖凝胶电泳检测（图 3-1d），扩增产物在 300～1 000 bp 均匀弥散分布，富集产物量大，效果较好。

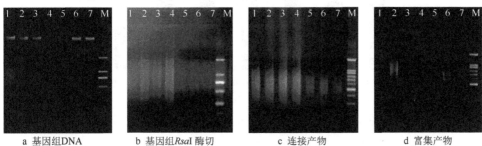

a 基因组DNA　　　b 基因组*Rsa*I 酶切　　　c 连接产物　　　d 富集产物

图 3-1　云南松基因组 DNA、酶切、连接与微卫星富集产物检测

注：M：DL2000^{TM} DNA Marker（a 和 b）、100 bp DNA Ladder Marker（c 和 d）。

经转化、克隆，从微卫星富集文库中随机抽取阳性菌落，以菌液为模板、克隆载体通用引物 PCR 扩增产物经 1.0%琼脂糖检测，有 1 条扩增带的即为插入片段条带，该克隆内可能含有微卫星插入片段（Glenn and Schable，2005；Krohn et al.，2013；Pinzauti et al.，2012）。在 383 个含有插入片段的富集文库菌落中，257 个菌落获得 PCR 扩增条带，插入片段在 400～1 000 bp，即 PCR 检测阳性率为 67.10%，对扩增片段长度在目的片段长度范围内的克隆用于测序、分析。

2. 云南松微卫星富集文库序列特征分析

序列经去除载体、比对、SSR 搜索后，分析重复类型的核心序列、侧翼序列及序列长度等，在随机挑选测定的 159 条序列中，143 条含有微卫星，含有 157 个 SSR 位点，平均每条序列含有 1.1 个微卫星。按 Weber（1990）的分类标准，完美型占 65.73%、不完美型为 23.78%、复合型占 10.49%。序列片段长度波动于 135～1 138 bp，平均 520 bp，其中 90%的分布于 200～800 bp（图 3-2）。

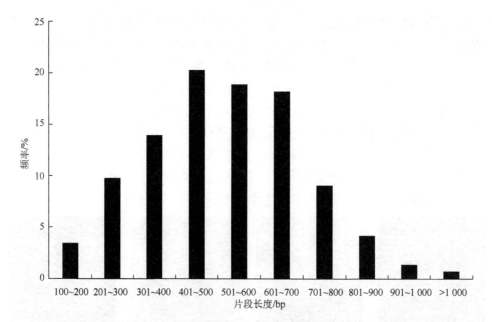

图 3-2　云南松微卫星富集文库片段长度分布频率

　　重复类型以二、三核苷酸为主，其中二核苷酸重复类型最多，占总数的 56.64%，重复 3～15 次（图 3-3），重复 10 次以下的占多数（86%）；其次是三核苷酸重复类型，占 35.66%，重复 3～9 次，以 3～5 次重复较多，占 72%；此外，出现少量（7.70%）4～6 bp 的微卫星重复序列，重复 3～7 次。从图 3-3 可以看出，随着重复次数的增加，二、三核苷酸 SSR 出现的频率降低。此外，分析还可知，随着重复单元长度的增加，SSR 频率呈现降低的趋势。

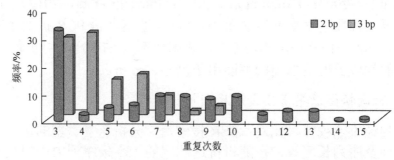

图 3-3　云南松微卫星二、三核苷酸不同重复次数的频率

　　对各重复基元的分析可以看出（表 3-1），二核苷酸重复单元的碱基组成均为探针及其互补序列，三核苷酸重复单元的碱基组成多数为探针类型，也出现少量非探针类型，而探针中使用的 ACT 类型未出现在该

富集文库中；除探针中使用的二、三核苷酸的重复单元外，富集文库中还出现四、五、六核苷酸类型的重复单元，重复 3~7 次，但出现的频率较低，重复基元也比较单一。

表 3-1　云南松基因组富集文库微卫星重复基元类型及其比例

重复基元	比例/%	重复基元	比例/%	重复基元	比例/%
AT	8.92	TGT/ACA	1.91	ATAA	0.64
GC	0.64	ACG/TGC	2.55	ATTC	1.27
AG/TC	20.38	AGG/TCC	3.18	CTCCT	2.55
AC/TG	29.30	ATC	0.64	AGAGG	0.64
CCA/GGT	25.48	TTAT	0.64	GGTGGA	1.27

3. 基于云南松基因组磁珠富集法 SSR 引物的筛选

对含有合适 SSR 和足够侧翼的序列用于引物设计，共设计了 50 对微卫星引物（附表 A），随机选择 29 对引物扩增筛选，有 18 对引物扩增出预期片段产物，条带清晰，稳定性好。进一步采用 LJ、GN、LX 3 个群体样本检测其多态性，其中有 8 对表现出多态性（表 3-2）。

表 3-2　基于云南松基因组磁珠富集法 SSR 引物多态性检测

位点	LJ ($n=12$)		GN ($n=9$)		LX ($n=11$)	
	N_a	H_o/H_e	N_a	H_o/H_e	N_a	H_o/H_e
PyMR01	2	0.500/0.375	2	0.250/0.219	3	0.727/0.599
PyMR02	3	0.167/0.531*	3	0.556/0.549	3	0.200/0.445
PyMR03	2	0.417/0.330	3	0.625/0.461	3	0.455/0.368
PyMR04	3	0.500/0.398	5	0.500/0.611	3	0.300/0.545
PyMR05	4	0.583/0.510	3	0.556/0.475	2	0.546/0.397
PyMR06	2	0.500/0.375	2	0.333/0.278	2	0.546/0.397
PyMR07	4	0.583/0.642	4	0.556/0.685	4	0.556/0.648
PyMR08	5	0.546/0.649	4	0.625/0.555	5	0.700/0.700
平均	3.1	0.474/0.476	3.3	0.500/0.479	3.3	0.504/0.512

注：N_a：等位基因数；H_o：观测杂合度；H_e：期望杂合度。*经 Bonferroni correction 检测显著偏离 Hardy-Weinberg 平衡。各群体信息见表 2-1。

由表 3-2 可知，平均等位基因数波动于 3.1~3.3，观测杂合度和期望杂合度在各群体间分别波动于 0.474~0.504 和 0.476~0.512，仅 PyMR02 在 LJ 群体中偏离 Hardy-Weinberg 平衡，经检测 PyMR02 显示有无效等位基因，表现为杂合子缺失，没有检测到显著的 LD，这些位点间不存在连锁。

采用同属的思茅松、细叶云南松、油松、高山松和马尾松对上述多态性的 8 对引物进行属内种间可转移性检测。结果可知（表 3-3），8 个 SSR 位点在 5 个树种中均能有效扩增，一方面为这些树种应用 SSR 提供新的位点，降低每一个物种开发微卫星的成本；另一方面这些位点在几个检测的树种中均能使用相同的扩增体系与程序，可实现同时扩增。

表 3-3 基于云南松基因组磁珠富集法 SSR 引物在同属树种中的转移性检测

位点	思茅松(n=15)		细叶云南松(n=10)		油松(n=15)		高山松(n=15)		马尾松(n=14)	
	N	N_a	N	N_a	N	N_a	N	N_a	N	N_a
PyMR01	11	5	8	3	15	4	15	4	14	3
PyMR02	15	4	10	3	15	2	15	3	14	3
PyMR03	13	4	8	1	15	2	15	3	13	3
PyMR04	6	4	2	1	14	6	11	4	4	2
PyMR05	9	1	9	4	15	5	15	1	12	2
PyMR06	15	5	9	5	15	2	15	2	14	6
PyMR07	12	2	8	2	15	3	15	2	14	2
PyMR08	14	5	8	2	15	5	15	4	14	4
平均	11.9	3.8	7.8	2.6	14.9	3.6	14.5	2.9	12.4	3.1

注：N：成功扩增个体数，其余同表 3-2。

3.2.1.2　基于云南松转录组中 SSR 分布特征及引物的开发

1. 云南松转录组中 SSR 分布特征

1）云南松 EST 序列的获取

通过转录组测序共获得原始序列数据 97 126 960 条，原始序列经去除测序接头、重复冗余、低质量等过滤处理，获得有效序列片段 95 003 826 条。组装的序列长度也可以反映组装的质量，对 Contig 的序列长度分析可知（图 3-4a），平均长度 462 nt，N50 为 1 240 nt，其中 200～1 000 nt 长度的序列占 87.89%，1 000～2 000 nt 长度的序列占 7.15%，2 000～3 000 nt 的占 3.14%，≥3 000 nt 的序列占 1.83%。对 Unigene 的长度进行统计（图 3-4b），平均长度为 890 nt，N50 为 1 818 nt，有近 30% 的序列长度大于 1 000 nt，其中 12% 的大于 2 000 nt，＞3 000 nt 的较少（4.95%）。由此可以看出，通过转录组测序获得大量的序列，经组装后 Unigene 的长度明显增加，平均长度增加近 1 倍。对于 1 000 nt 以上序列也明显增加，所占比例由 12% 增加至 30%，表明组装的效果较好，片段长度明显增加，可进一步开展后续分析。

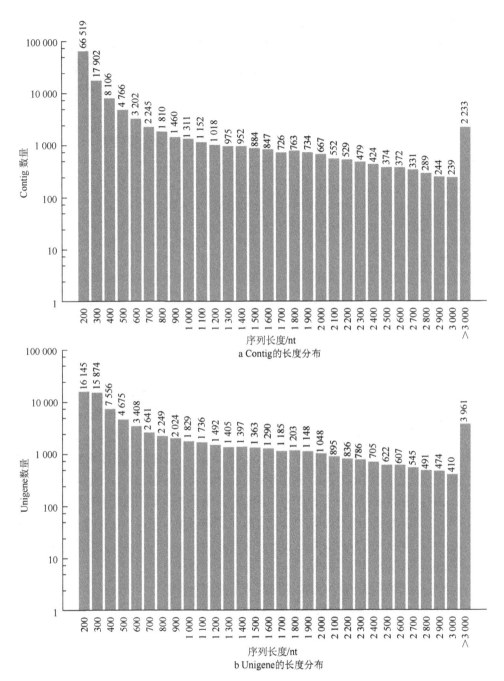

图 3-4　云南松转录组组装序列长度分布

2）云南松转录组中 SSR 位点的分布频率及其距离

按标准搜索 1～6 bp 的 SSR 共 2 455 个，分布于 2 269 条 Unigene 上，发生频率为 2.84%，其中 2 100 条 Unigene 含有单个 SSR，169 条 Unigene 含有 2 个或 2 个以上的 SSR。总体 SSR 的出现频率为 3.07%，平均每 29 kb 出现 1 个 SSR（表 3-4）。

表 3-4　云南松转录组 SSR 各重复类型的分布特征

重复类型	SSR 数量	占总 SSR 比例/%	出现频率/%	平均距离/kb	平均长度/bp	基元数量
单核苷酸	463	18.86	0.58	153.81	14.76	2
二核苷酸	669	27.25	0.84	106.45	14.15	4
三核苷酸	1 049	42.73	1.31	67.89	16.26	10
四核苷酸	24	0.98	0.03	2 967.31	20.50	12
五核苷酸	92	3.75	0.12	774.08	20.33	44
六核苷酸	158	6.44	0.20	450.73	24.00	85
小计	2 455	100	3.07	29.01	16.09	157

3）云南松转录组中 SSR 位点的重复单元类型

对 1～6 bp 的 SSR 重复单元类型进行统计可知（表 3-4），重复单元类型以三核苷酸和二核苷酸为主，分别占总数的 42.73% 和 27.25%，其次是单核苷酸，占 18.86%，四、五、六核苷酸重复单元类型较低。相应地各重复单元类型的出现频率和 SSR 分布的平均距离也有差别，以三核苷酸重复单元类型的出现频率最高，依次为三核苷酸＞二核苷酸＞单核苷酸＞六核苷酸＞五核苷酸＞四核苷酸，与之对应的 SSR 分布的平均距离以四核苷酸较高，为 2 967.31 kb，即 2 967.31 kb 出现 1 个四核苷酸 SSR。总体表现为 1～3 bp，随重复单元碱基数的增加，SSR 出现频率升高，SSR 分布的平均距离缩短；同样地，在 4～6 bp 也表现为相同的趋势，即 1～3 bp 和 4～6 bp，分别以 3 bp 和 6 bp 的重复单元类型所占比例较高。

4）云南松转录组中 SSR 重复基元碱基组成

在考虑碱基互补的情况下，单核苷酸、二核苷酸、三核苷酸、四核苷酸、五核苷酸和六核苷酸分别出现的基元数为 2、4、10、12、44 和 85 种，共有 157 种基元（表 3-4）。各基元分布的频率如图 3-5 所示，单核苷酸类型中以 A/T 基元居多，占 18.74%，而 C/G 极少，仅占总数的 0.12%；二核苷酸中各基元所占比例依次为：AT/AT（16.66%）＞AG/CT（7.33%）＞AC/GT（3.14%）＞CG/CG（0.12%）；三核苷酸中 AGC/CTG

较多（9.65%），其次是 AAG/CTT（8.39%），而以 ACT/AGT 较低（0.16%）；四核苷酸中各种重复基元的频率均较低，最高的仅为 0.24%，83.34%的四核苷酸出现频率为 0.04%～0.08%；五核苷酸中各种基元的频率也较低，其中近一半（47.73%）的五核苷酸重复基元比例为 0.04%；六核苷酸中 63.53%重复基元比例为 0.04%。

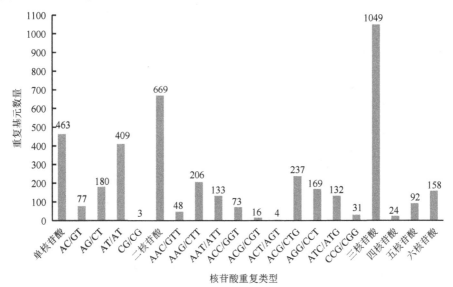

图 3-5　云南松转录组 SSR 不同重复类型各基元数量

5）云南松转录组中 SSR 基元重复次数

各重复类型的 SSR 重复次数如图 3-6 所示。云南松转录组中 SSR 各重复类型的重复次数波动于 4～23 次，除单核苷酸外，SSR 各类型重复 6～12 次，二、三核苷酸均表现为随着重复次数的增加，出现的频率降低。从图 3-6 也可以看出，SSR 的重复次数集中在 6～10 次，占总数的 69.86%，其次是重复 11～15 次，当重复次数＞15 次时，出现的频率明显下降。

6）云南松转录组中 SSR 重复片段长度

云南松转录组 SSR 重复片段的长度波动于 12～25 bp（图 3-7），6 种类型的 SSR 平均长度为 16.09 bp，以 20 bp 以下的占多数（85.24%），基本表现为随着重复片段长度的增加，所占的比例降低。不同核苷酸重复类型的长度有所不同，表 3-4 列出单核苷酸、二核苷酸、三核苷酸、四核苷酸、五核苷酸和六核苷酸的平均长度分别为 14.76 bp、14.15 bp、

16.26 bp、20.50 bp、20.33 bp 和 24.00 bp，基本表现为随着重复基元碱基数的增加，SSR 片段的长度也随之增加。

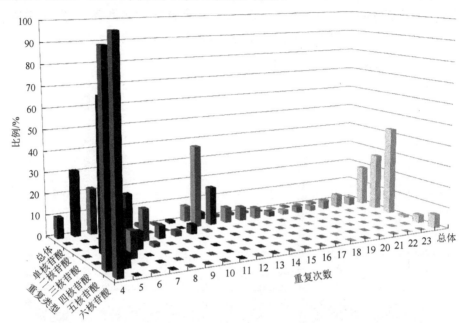

图 3-6　云南松转录组 SSR 各重复类型不同重复次数分布频率

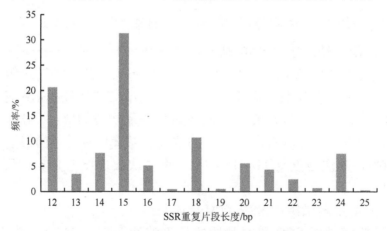

图 3-7　云南松转录组 SSR 重复序列长度的分布频率

2. 基于云南松转录组 SSR 引物的筛选与可转移性扩增检测

1）基于云南松转录组 SSR 引物筛选

对转录组中 SSR 序列≥12 bp 均进行引物的设计，并排除单核苷酸重复类型，最后获得引物 2 899 条。随机挑选 32 条（附表 B）引物用于扩增检测，其中 24 条成功扩增。将 24 对成功扩增的引物，再利用 4 个群体进行多态性的检测，有 21 对表现多态性（表 3-5）。

表 3-5　云南松 EST-SSR 在 4 个群体中的多态性检测

位点	FN		KM		NL-L		YJ	
	N_a	H_o/H_e	N_a	H_o/H_e	N_a	H_o/H_e	N_a	H_o/H_e
PyTr02	3	0.667/0.611	3	0.500/0.486	5	0.833/0.736	4	1.000/0.694
PyTr04	6	0.500/0.694	3	0.000/0.500	4	0.167/0.597	4	0.000/0.667
PyTr06	3	0.333/0.500	4	0.500/0.708	3	0.333/0.625	2	0.667/0.500
PyTr07	4	0.667/0.722	4	0.667/0.583	5	0.667/0.778	2	0.167/0.153
PyTr09	3	0.333/0.292	3	0.167/0.292	3	0.167/0.292	2	0.167/0.153
PyTr10	2	0.167/0.153	2	0.167/0.153	2	0.167/0.486	1	0.000/0.000
PyTr12	3	0.333/0.403	4	0.333/0.417	3	0.167/0.486	1	0.000/0.000
PyTr13	2	0.833/0.486	3	0.667/0.486	3	1.000/0.569	4	0.833/0.597
PyTr15	2	1.000/0.500	2	1.000/0.500	3	0.833/0.486	2	0.667/0.444
PyTr17	1	0.000/0.000	2	0.167/0.153	2	0.167/0.153	3	0.333/0.292
PyTr19	2	0.500/0.375	3	0.500/0.486	2	0.333/0.278	1	0.000/0.000
PyTr20	3	0.333/0.292	3	0.833/0.569	1	0.000/0.000	3	0.333/0.292
PyTr22	8	1.000/0.847	7	0.833/0.806	6	1.000/0.806	3	0.333/0.292
PyTr23	4	0.833/0.694	6	0.667/0.750	3	0.667/0.653	4	1.000/0.708
PyTr24	3	0.333/0.486	4	0.333/0.597	3	0.500/0.708	4	0.667/0.681
PyTr26	2	0.833/0.486	3	1.000/0.569	3	0.500/0.569	3	0.667/0.611
PyTr27	6	0.167/0.792	8	0.333/0.861	3	0.167/0.292	3	0.333/0.500
PyTr28	2	0.500/0.375	3	0.667/0.486	4	0.500/0.514	3	0.500/0.403
PyTr30	4	0.500/0.583	4	0.500/0.722	6	0.500/0.806	5	0.500/0.792
PyTr31	2	0.833/0.486	2	0.500/0.375	2	0.333/0.278	5	0.833/0.750
PyTr32	4	1.000/0.722	4	0.833/0.653	3	0.833/0.625	5	0.833/0.667
平均	3.3	0.556/0.500	3.7	0.532/0.531	3.3	0.468/0.511	3.0	0.468/0.438

注：遗传参数缩写见表 3-2，各群体信息见表 2-1 和表 2-2。

2）多态性引物的可转移性扩增检测

随机选取 7 对引物（PyTr06、PyTr09、PyTr19、PyTr20、PyTr26、PyTr28、PyTr31）对云南松近缘种高山松、马尾松、思茅松、细叶云南松和油松进行 PCR 扩增，以检测云南松 EST-SSR 引物在近缘种中的通用性。结果表明 7 对 EST-SSR 引物在 5 个树种中均能得到有效扩增产物，通用性达 100%，多态性 71.43%～100%，表明云南松 EST-SSR 引物在云南松近缘种中可通用，并且均具有较高的多态性。

3.2.2　不同地理分布区域云南松天然群体遗传多样性的 SSR 分析

3.2.2.1　不同地理分布区域云南松天然群体遗传多样性

最终，参考松树遗传变异分析中采用的引物数量为 6～10 对（Naydenov et al.，2011；Belletti et al.，2012；Iwaizumi et al.，2013；Mandák et al.，2013），选择效果较佳的 9 对（PtTX2123、PtTX2146、PtTX3118、PtTX3127、Pr001、PTest1、PyMR05、PyMR06、PyMR08）用于不同地理分布区域云南松群体遗传多样性及其遗传关系的分析，不同海拔梯度云南松群体遗传多样性的分析增加 7 对 EST-SSR 引物（PyTr06、PyTr09、PyTr19、PyTr20、PyTr26、PyTr28、PyTr31），即共采用 16 对 SSR 引物，引物详细信息见表 3-6，采用荧光测序技术的 SSR 扩增产物检测体系（Schuelke，2000）。

1. 位点扩增的多态性

不同位点在各群体中扩增情况统计可知（表 3-7），各位点在不同群体中扩增有所差异，9 个 SSR 位点中，除位点 PtTX3127 在 LX、MD、SJ 和 TC 群体，以及位点 PtTX3118 在 LJ 群体中无多态性外，其余位点均扩增出多态性条带（2～10 个等位基因），其中以位点 PtTX2146 的扩增数最多，波动于 4～10 个等位基因，平均 6.7 个，该位点在 LL 和 YJ 群体中扩增 10 个等位基因；其次是位点 PtTX3118，在 SP、HQ 和 KM 群体中分别扩增 9、8 和 8 个等位基因，平均 6.1 个。在 9 个位点中，以 PtTX2146 和 PtTX3118 的多态性最高，而位点 PtTX2123、PyMR05 和 PyMR06 的多态性较低，在各个群体中波动于 2～3 个等位基因，平均 2.1 个。此外，9 个位点对各群体的扩增效果也不一样，扩增等位基因数最高的是 YJ 群体，9 个位点共扩增 40 个等位基因，其次为 LL、KM、JS、SP 群体，分别为 38、37、37 和 37 个，扩增等位基因数较低的是 TC 和 XW 群体，分别为 23 和 27 个。总的来看，不同位点在各个群体中的扩增多态性有所差异，同样地，同一位点在不同群体中扩增也不一样。

表 3-6　云南松群体遗传多样性分析引物一览表

位点	引物序列(5′→3′)	荧光修饰	退火温度/℃	重复基元	扩增片段/bp	引物来源
PtTX2123	GAAGAACCCACAAACACAAG GGGCAAGAATTCAATGATAA	FAM	54.0	$(AGC)_8$	190~199	Elsik et al., 2000
PtTX2146	CCTGGGGATTTGGATTGGGTATTTG ATATTTTCCTTGCCCCTTCCAGACA	FAM	54.0	$(GAG)_5\cdots(CAG)_8CGG(CAG)_7CGG(CAG)_4$	162~201	Elsik et al., 2000
PtTX3118	AACCATTTGCCCCTTCTT AAAAACAGTTCTGCAATCAAATC	FAM	45.0	$(CAT)_3\cdots(CAT)_4\cdots(CAT)_{11}$	190~229	Kutil and Williams, 2001
PtTX3127	ACCCTTACTTTCAGAAGAGAGATA AATTGGGGTTCAACTATTCTATTA	ROX	48.0	$(TGT)_{12}$	150~171	Elsik and Williams, 2001
Pr001	CAAAGATTACATTAATTCACTCCACC ATTCTTCCATCCACTCTATGAATG	HEX	54.1	$(CA)_{14}$	148~162	Devey et al., 2002
PTest1	CGATGTCGATTAGGGATTGG CCTGTCTTCGTCGGATGTT	TAMRA	52.0	$(GGA)_6$	212~242	王鹏良, 2006
PyMR05	AAAATGCCTGCGAAACAC TTCAACCGAGTCCTACCG	HEX	59.0	$(TG)_3GCACCCAT(TG)_3$	266~270	Xu et al., 2013
PyMR06	TCCATTGATTTCACCTCCTT TGGGTCCTCATTTCCTAA	TAMRA	52.0	$(CCA)_3CCT(CCA)_2$	221~239	Xu et al., 2013
PyMR08	CCCGCCAATGCATTTTATAC TTGGTGTGTGTGTGGATGAT	TAMRA	50.0	$(AC)_{10}$	111~121	Xu et al., 2013
PyTr06	ATGCTGGTGACATTAAATCCAAG ATCACAATATCTTCTGCTGCGTC	FAM	60.5	$(AAG)_7$	120~138	Basiita et al., 2015
PyTr09	AGAGAATTAGCCAGATGATGTGC CAGATTCCATCATAATAGCAGCC	FAM	59.9	$(GAG)_7$	135~156	Basiita et al., 2015
PyTr19	GGGGTTATCAAAGAACGAGACTT CCAGAGGGGTATCCATAGGTAAG	HEX	60.0	$(GGA)_7$	142~151	Basiita et al., 2015
PyTr20	CATCTTCATCTTCATCATCATCCT AAAATGTGGCCACTGGTACTAAA	HEX	59.6	$(TCA)_7$	152~161	Basiita et al., 2015
PyTr26	AAGAACTTGACATTTTGAACCCA ATATATCCCCACGGTTCTTTACC	TAMRA	59.7	$(TA)_9$	109~113	Basiita et al., 2015
PyTr28	AGAAAAGTTTTGGTTGTGACACG GTTGTATGTTTATGTGCAGCGTT	TAMRA	59.8	$(CA)_9$	127~147	Basiita et al., 2015
PyTr31	AAAAGCTCATCATGCATTCTTTC AGAACAGTCTGGACATCATGGTT	TAMRA	59.8	$(AT)_9$	109~133	Basiita et al., 2015

表 3-7　各位点在不同地理分布区域云南松天然群体中等位基因的分布

群体	PtTX2123	PtTX2146	PtTX3118	PtTX3127	Pr001	PTest1	PyMR05	PyMR06	PyMR08	平均	合计
BH	2	5	7	2	4	4	2	2	2	3.3	30
CX	2	8	5	4	4	5	2	2	3	3.9	35
EY	3	5	5	3	4	3	2	2	5	3.6	32
FN	2	7	6	3	4	3	2	2	3	3.6	32
GN	2	7	7	3	3	2	2	2	2	3.3	30
GS	2	6	7	4	3	5	2	2	3	3.8	34
HQ	2	8	8	3	4	2	2	2	3	3.8	34
JS	3	7	7	2	4	7	2	2	3	4.1	37
KM	2	7	8	2	3	5	2	3	5	4.1	37
LJ	2	6	1	4	4	4	2	2	4	3.3	30
LL	2	10	7	4	4	3	2	2	4	4.2	38
LX	2	7	6	1	4	5	2	2	4	3.7	33
MD	2	7	6	1	4	4	2	2	4	3.4	31
SJ	2	6	6	1	3	4	2	2	4	3.3	30
SP	2	7	9	2	4	4	2	2	3	4.1	37
TC	2	4	4	1	3	2	2	3	2	2.6	23
TL	2	6	6	3	4	6	2	2	4	3.9	35
XW	2	5	2	4	4	3	2	2	3	3.0	27
YJ	2	10	7	3	5	6	2	2	3	4.4	40
YR	2	6	7	3	4	6	3	2	3	4.0	36
平均	2.1	6.7	6.1	2.7	3.8	4.2	2.1	2.1	3.4		

注：群体名称的缩写见表 2-1，各位点信息详见表 3-6。

用 9 个 SSR 引物检测了云南松 20 个群体 459 个个体，共检测到 33 个等位基因（表 3-8），平均每个位点有 3.7 个等位基因。期望杂合度（H_e）和观测杂合度（H_o）分别波动于 0.128~0.752 和 0.006~0.957，平均为 0.429 和 0.470，以位点 PtTX2146 的期望杂合度最高（$H_e = 0.752$），同时也具有最多的等位基因数（7 个），4.2 个有效等位基因。在 9 个检测的 SSR 位点中，位点 PyMR06 的观测杂合度（$H_o = 0.957$）较期望杂合度（$H_e = 0.501$）高很多，而位点 PyMR05 相反，观测杂合度（$H_o = 0.006$）较期望杂合度（$H_e = 0.364$）低很多，其余 7 个位点的观测杂合度和期望杂合度较为接近，且均表现是观测杂合度稍高于期望杂合度。采用期望杂合度和观测杂合度来计算 Hardy-Weinberg 平衡偏离指数 $D = (H_o - H_e)/H_e$，$D < 0$：杂合子缺失；$D > 0$：杂合子过剩。因此，从整体平均来看，平均观测杂合度稍高于平均期望杂合度，表现为杂合子过剩。

表 3-8　各位点在不同地理分布区域云南松天然群体中的扩增统计

位点	N_a	N_e	I	H_o	H_e	UH_e	F
PtTX2123	2.100	1.591	0.529	0.402	0.348	0.357	−0.138
PtTX2146	6.700	4.158	1.568	0.787	0.752	0.771	−0.047
PtTX3118	6.050	2.309	1.112	0.558	0.513	0.525	−0.020
PtTX3127	2.700	1.163	0.278	0.132	0.128	0.131	−0.032
Pr001	3.800	2.148	0.926	0.531	0.516	0.527	−0.039
PTest1	4.200	1.823	0.821	0.531	0.427	0.438	−0.231
PyMR05	2.050	1.624	0.548	0.006	0.364	0.373	0.988
PyMR06	2.100	2.003	0.701	0.957	0.501	0.513	−0.911
PyMR08	3.350	1.546	0.597	0.324	0.315	0.323	−0.007
平均	3.672	2.055	0.787	0.470	0.429	0.440	−0.049

注：N_e：有效等位基因数；I：Shannon's 信息指数；UH_e：无偏期望杂合度；F：固定指数，其他指标缩写见表 3-2。各位点信息详见表 3-6。

2. Hardy-Weinberg 平衡和连锁不平衡检测

经检测少数位点显著偏离 Hardy-Weinberg 平衡预期值（$P<0.001$）。但是，在供试的群体中，没有任何一个群体在所有位点表现出偏离 Hardy-Weinberg 平衡，只是有的群体表现出偏离 Hardy-Weinberg 平衡的位点数较多，如 GS 群体在 6 个位点中表现出显著或极显著偏离 Hardy-Weinberg 平衡。少数位点表现出连锁不平衡（$P<0.05$），未检测到任何一对位点同时在所有群体中均表现出连锁不平衡，由此表明这 9 个位点不是相互连锁的（Bai et al.，2014）。

3. 群体遗传多样性分析

云南松 20 个群体的遗传多样性参数见表 3-9。有效等位基因数是反映遗传多样性的指标之一（Porth and El-Kassaby，2014），在检测的 20 个群体中，每个群体的等位基因数和有效等位基因数分别为 3～4 和 1.8～2.6，平均 3.7 和 2.0，其中 YJ 群体的等位基因数和有效等位基因数最高，TC 群体的等位基因数最低（2.6），有效等位基因数 TC 群体和 XW 群体最低，为 1.8，20 个群体有效等位基因数的顺序为：YJ＞SJ＞BH＞LX＞GS＞SP＞FN＞HQ＞LL＞JS＞CX＞MD＞EY＞TL＞GN＞YR＞KM＞LJ＞TC＞XW。

表 3-9 不同地理分布区域云南松天然群体的遗传多样性

群体	N_a	N_e	I	H_o	H_e	UH_e	F	$P/\%$	P_A
BH	3.333	2.215	0.832	0.510	0.473	0.489	−0.085	100.00	0
CX	3.889	2.022	0.781	0.442	0.425	0.435	−0.018	100.00	0
EY	3.556	1.961	0.801	0.454	0.452	0.461	0.003	100.00	0
FN	3.556	2.111	0.810	0.540	0.447	0.457	−0.142	100.00	1
GN	3.333	1.915	0.683	0.437	0.356	0.365	−0.097	100.00	0
GS	3.778	2.161	0.847	0.477	0.474	0.484	0.055	100.00	1
HQ	3.778	2.073	0.755	0.466	0.396	0.405	−0.075	100.00	0
JS	4.111	2.042	0.806	0.466	0.421	0.430	−0.038	100.00	0
KM	4.111	1.879	0.735	0.430	0.382	0.391	−0.059	100.00	0
LJ	3.333	1.876	0.703	0.421	0.384	0.392	−0.051	88.89	0
LL	4.222	2.066	0.818	0.487	0.429	0.439	−0.085	100.00	0
LX	3.667	2.171	0.876	0.514	0.492	0.503	−0.041	88.89	0
MD	3.444	1.970	0.766	0.476	0.435	0.445	−0.061	88.89	0
SJ	3.333	2.258	0.817	0.524	0.453	0.469	−0.137	88.89	0
SP	4.111	2.126	0.882	0.486	0.471	0.481	−0.048	100.00	0
TC	2.556	1.779	0.603	0.443	0.376	0.384	−0.153	88.89	0
TL	3.889	1.955	0.807	0.450	0.433	0.443	0.023	100.00	0
XW	3.000	1.770	0.609	0.367	0.337	0.345	0.055	100.00	0
YJ	4.444	2.551	0.993	0.546	0.521	0.532	0.004	100.00	1
YR	4.000	1.912	0.809	0.457	0.430	0.442	−0.057	100.00	3
平均	3.672	2.055	0.787	0.470	0.429	0.440	−0.049	97.22	

注：P：多态性位点百分率；P_A：私有等位基因，其他指标缩写见表 3-2 和表 3-8。群体名称的缩写见表 2-1。

观测杂合度和期望杂合度在 20 个群体中的变化范围分别为 0.367～0.546 和 0.337～0.521，平均 0.470 和 0.429，观测杂合度和期望杂合度均表现在 XW 群体最低，YJ 群体最高。20 个群体一致表现为观测杂合度稍高于期望杂合度，表明群体内的杂合子高于达到平衡所需要的比例，即杂合子过剩。期望杂合度各个群体排序为 YJ＞LX＞GS＞BH＞SP＞SJ＞EY＞FN＞MD＞TL＞YR＞LL＞CX＞JS＞HQ＞LJ＞KM＞TC＞GN＞XW。

Shannon's 信息指数也是反映遗传多样性的综合性指标，考虑了群体中遗传变异的丰富度和均度（李慧峰等，2013）。20 个群体 Shannon's 信息指数变化于 0.603～0.993，平均 0.787，依次为 YJ＞SP＞LX＞GS＞BH＞LL＞SJ＞FN＞YR＞TL＞JS＞EY＞CX＞MD＞HQ＞KM＞LJ＞GN＞XW＞TC，与期望杂合度排序相似。从有效等位基因数、期望杂合度和 Shannon's 信息指数三个指标来看，以 YJ 和 LX 的变异丰富，而 XW 和 TC 的变异较低。

固定指数 F 为-0.153～0.055，平均-0.049，20 个群体中，EY、GS、TL、XW 和 YJ 5 个群体 $F>0$，其余 15 个群体均表现为 $F<0$。FN、SJ 和 TC 群体的 F 偏离平衡 0 较多，即观测杂合度和期望杂合度相差较大，群体严重偏离了正常随机交配方式。而 YJ 和 EY 群体的 F 最接近于 0，说明该群体的观测杂合度和期望杂合度相差较小，群体接近理想状态的随机交配。

在 20 个群体中，除 5 个群体的多态位点百分率为 88.89%外，其余均为 100%，平均 97.22%。分析还表明，有 4 个群体检测到 6 个私有等位基因，其中 YR 群体有 3 个，YJ、FN 和 GS 群体各 1 个。

由上述可知，遗传多样性较高群体为 YJ 和 LX 群体，最低的是 TC 和 XW 群体，其中以 YJ 群体的多样性更加丰富，而且该群体的 F 比较接近 0，期望杂合度与观测杂合度相差不大，即群体的杂合体和纯合体相差较小，比较接近理想群体。但是，等位基因数、有效等位基因数、Shannon's 信息指数、观测杂合度和期望杂合度等在不同群体间的差异未达到检验水平（$P>0.05$），说明各群体间遗传多样性水平差异不明显。

3.2.2.2　不同地理分布区域云南松天然群体遗传分化

分析 F 统计量（F_{IT}、F_{ST} 和 F_{IS}）（表 3-10），F_{IT} 在 4 个位点中表现为负值，其余 5 个位点中表现为正值，平均为 0.013，表明总群体整体杂合子不足，总群体内有 1.3%的杂合子变异；除 PyMR05 外，其余位点的 F_{IS} 均为负值，平均为-0.060，说明群体内杂合子过剩；F_{ST} 在各位点间波动于 0.003（PyMR06）～0.270（PyMR05），平均为 0.097，即平均遗传分化为 9.7%，表明 9.7%的遗传变异存在于群体间，90.3%的遗传变异存在于群体内，群体内的变异是云南松变异的主要来源。此外，根据 F 统计量偏离 0 的大小可以看出，总群体（F_{IT}）偏离 Hardy-Weinberg 平衡较小，群体内（F_{IS}）偏离 Hardy-Weinberg 平衡也小。基因流变化于 0.676～91.317，位点间差异较大，平均基因流较高（12.743）。当 N_m >1 时，则可以防止两个群体间由于遗传漂变引起的分化（Wright，1931），表明云南松群体不易因遗传漂变而引起遗传分化，高的基因流，与云南松群体间遗传分化程度较低相一致。

表 3-10　　各位点在不同地理分布区域云南松天然群体中的 F 统计量

位点	F_{IS}	F_{IT}	F_{ST}	N_m
PtTX2123	−0.154	−0.056	0.085	2.708
PtTX2146	−0.047	0.048	0.091	2.509
PtTX3118	−0.088	−0.023	0.059	3.964
PtTX3127	−0.027	0.012	0.038	6.375
Pr001	−0.030	0.114	0.140	1.532
PTest1	−0.242	−0.168	0.060	3.942
PyMR05	0.985	0.989	0.270	0.676
PyMR06	−0.911	−0.906	0.003	91.317
PyMR08	−0.029	0.105	0.131	1.664
平均	−0.060	0.013	0.097	12.743

注：F_{IS}：群体内的固定指数；F_{IT}：总群体的固定指数；F_{ST}：群体间遗传分化系数；N_m：基因流。各位点信息详见表 3-6。

对云南松成对群体间的遗传分化系数进行估算（表 3-11），由结果可知，F_{ST} 介于 0.007～0.157，群体间存在较大的差异，平均 0.052，最大的 F_{ST} 为 SJ 与 TC、GN、XW、LJ 群体间，分别为 0.157、0.155、0.153 和 0.141，其次为 YJ 与 GN、XW 群体间，分别为 0.142 和 0.131。SJ 与各群体间的 F_{ST} 介于 0.040～0.157，平均为 0.106；YJ 与各群体间的 F_{ST} 变化于 0.039～0.142，平均为 0.073，这两个群体与其他群体间的分化较为明显。根据 Wright（1978）的建议，F_{ST} 为 0～0.05、0.05～0.15、0.15～0.25 和大于 0.25 分别代表群体间的遗传分化很小、中等、较大和很大。20 个群体，按 190 对成对群体来考虑，有 105 对的 F_{ST}＜0.05，占总数的 55.26%，82 对的 F_{ST} 介于 0.05～0.15，占总数的 43.16%，仅有 3 对的 F_{ST}＞0.15，占总数的 1.58%。由此说明，云南松群体间遗传分化较低。

相应地，N_m 波动于 1.344～34.868，平均 7.525，其中 SJ 与 TC、GN、XW、LJ 群体间的 N_m 较低，分别为 1.344、1.363、1.388 和 1.524，YJ 与 GN、XW 群体间的 N_m 也较小，分别为 1.511 和 1.652，基因流动较少；而 N_m 较高的是 SP 与 YR、CX 群体间，分别为 34.868 和 34.241，基因流动较多。总体来看，在 20 个群体中，各成对群体间的 N_m 均大于 1，不易因遗传漂变而造成分化（Wright，1931）。

表 3-11　不同地理分布区域云南松天然群体的遗传分化系数（F_{ST}）和基因流（N_m）

群体	BH	CX	EY	FN	GN	GS	HQ	JS	KM	LJ	LL	LX	MD	SJ	SP	TC	TL	XW	YJ	YR
BH		19.053	9.667	7.374	3.590	10.179	4.485	11.965	6.550	4.083	8.814	15.286	10.090	3.044	23.172	3.787	10.439	3.631	4.847	12.253
CX	0.013		8.639	4.791	2.922	10.364	7.478	32.338	5.127	4.314	32.836	8.967	14.122	2.354	34.241	3.841	24.133	3.761	4.873	24.486
EY	0.025	0.028		8.959	4.681	16.864	4.080	6.347	14.409	9.073	7.569	7.323	7.310	2.437	11.164	5.937	4.668	9.946	3.107	8.591
FN	0.033	0.050	0.025		8.049	9.853	2.858	3.850	11.069	5.934	3.751	7.060	4.292	1.916	7.603	4.917	3.036	5.856	2.184	5.263
GN	0.065	0.079	0.051	0.030		3.752	2.212	2.580	9.883	4.940	2.644	3.946	2.990	1.363	3.824	2.353	2.216	6.415	1.511	3.885
GS	0.024	0.024	0.015	0.025	0.062		4.551	6.666	7.844	6.066	7.516	7.677	8.333	2.142	14.385	10.870	5.102	5.122	3.143	7.933
HQ	0.053	0.032	0.058	0.080	0.102	0.052		11.445	2.930	3.073	13.182	3.474	7.617	1.968	7.400	3.237	7.488	2.713	3.814	11.738
JS	0.020	0.008	0.038	0.061	0.088	0.036	0.021		4.421	3.895	27.578	6.511	12.750	2.508	21.681	3.330	21.322	3.270	5.854	25.144
KM	0.037	0.046	0.017	0.022	0.025	0.031	0.079	0.054		10.283	4.046	6.872	5.245	1.810	6.692	4.454	3.253	13.251	2.007	5.748
LJ	0.058	0.055	0.027	0.040	0.048	0.040	0.075	0.060	0.024		4.360	4.179	4.235	1.524	5.755	4.230	2.709	16.909	2.037	5.479
LL	0.028	0.008	0.032	0.062	0.086	0.032	0.019	0.009	0.058	0.054		5.737	11.615	2.289	20.172	3.441	19.401	3.656	5.571	33.277
LX	0.016	0.027	0.033	0.034	0.060	0.032	0.067	0.037	0.035	0.056	0.042		7.789	2.611	11.057	3.079	7.477	3.434	4.224	7.371
MD	0.024	0.017	0.033	0.055	0.077	0.029	0.032	0.019	0.045	0.056	0.021	0.031		2.552	12.398	3.858	8.769	3.372	4.767	11.507
SJ	0.076	0.096	0.093	0.033	0.155	0.104	0.113	0.091	0.121	0.141	0.098	0.087	0.089		2.524	1.344	2.428	1.388	6.030	2.359
SP	0.011	0.007	0.022	0.115	0.061	0.017	0.033	0.011	0.036	0.042	0.012	0.022	0.020	0.090		4.404	12.857	4.658	4.942	34.868
TC	0.062	0.061	0.040	0.032	0.096	0.022	0.072	0.070	0.053	0.056	0.068	0.075	0.061	0.157	0.054		2.376	3.654	1.907	3.702
TL	0.023	0.010	0.051	0.040	0.101	0.047	0.032	0.012	0.071	0.084	0.013	0.032	0.028	0.093	0.019	0.095		2.383	6.150	14.092
XW	0.064	0.062	0.025	0.076	0.038	0.047	0.084	0.071	0.019	0.015	0.064	0.068	0.069	0.153	0.051	0.064	0.095		1.652	4.778
YJ	0.049	0.049	0.074	0.103	0.142	0.074	0.062	0.041	0.111	0.109	0.043	0.056	0.050	0.040	0.048	0.116	0.039	0.131		4.732
YR	0.020	0.010	0.028	0.045	0.060	0.031	0.021	0.010	0.042	0.044	0.007	0.033	0.021	0.096	0.007	0.063	0.017	0.050	0.050	

注：对角线下为 F_{ST}，对角线上为 N_m。群体名称的缩写见表 2-1。

分子方差分析（AMOVA）表明（表 3-12），遗传变异主要分布在群体内，占 89.0%，而只有 11.0%分布在群体间。F 统计量分析获得 F_{ST}=0.097（表 3-10），即在总的遗传变异中，仅有 9.7%的遗传变异存在于群体间，90.3%的变异存在于群体内，两者均揭示云南松的遗传变异主要存在于群体内。

表 3-12　不同地理分布区域云南松天然群体遗传变异的分子方差分析

变异来源	自由度	平方和	方差分量	方差分量百分比/%
群体间	19	115.816	0.112 97	11.0
群体内	898	820.536	0.913 74	89.0
总计	917	936.352	1.026 71	

3.2.2.3　不同地理分布区域云南松天然群体遗传结构

云南松群体遗传结构分析可知，当 K=3 时，ΔK 有最大值，显示 20 个云南松群体被分为 3 个大类群，即这 20 个群体可能来自 3 个原始遗传群体。将群体中各个体的 Q 值分布绘制彩图 1，结果表明，SJ 和 YJ 群体（彩图 1 中蓝色所示）明显区别于其他群体，排除 YJ 和 SJ 这 2 个群体，检测其余 18 个群体是否存在遗传亚结构。结果表明，当 K=2 时，ΔK 有最大值（彩图 1 未显示），18 个群体可能来源于 2 个原始遗传群体，与彩图 1 相同，GN、FN、XW、KM 群体（彩图 1 中绿色所示）也比较明显地区别于其他群体。与此同时，LJ、TC、EY、GS 和 LX 群体含有较多与 GN、FN、XW、KM 群体（彩图 1 中绿色所示）一样的个体，其中 GS 和 TC 群体的混合个体较多。但是，云南松各群体个体分配独立性较低，群体间个体有混合的情况出现，可能是云南松群体不具有明显遗传结构的原因。

当 K=3 时，根据 Q 值，绘制各群体在各个可能的原始遗传群体的分布。从彩图 2 来看，各原始群体分布的地理趋势不太明显。南端 YJ 和 SJ 群体与其他表现出明显的不同，而在东部群体中，有的第 1 类（彩图 2 中蓝色所示）占优势，有的第 2 类（彩图 2 中棕色所示）占优势；同样地，在西部、中部群体中也表现出类似的情况。总体第 1 类（彩图 2 中黑色所示）为南端 2 个群体、第 2 类（彩图 2 中蓝色所示）以中部群体居多，而第 3 类（彩图 2 中棕色所示）则东、西部群体居多。

进一步主坐标分析（PCoA）（图 3-8），前 3 个主成分分别解释总变异的 47.44%、23.66%和 13.58%，3 个主成分共解释总变异的 84.68%。20 个群体可明显地分为 3 个大类，与前述遗传结构分析的结果相吻合，支持了分析群体的 3 个主要聚类结果, 同时也揭示了 SJ 和 YJ 群体明显与其余 18 个群体分离开来。但是, 主坐标分析中的相似性不代表群体地理分布的相似性。

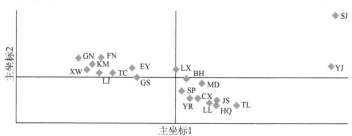

图 3-8　不同地理分布区域云南松天然群体的主坐标分析

注: 群体名称的缩写见表 2-1。

3.2.2.4　不同地理分布区域云南松天然群体间的遗传距离及其聚类

遗传距离是一种衡量群体间亲缘程度的数量指标, 各群体间的遗传距离介于 0.022 6 ~ 0.220 2 (表 3-13), 最小的是 SP 与 BH 之间, 最大的是 LJ 与 SJ 之间, 平均 0.080 6。其中各成对群体间遗传距离表现较高的是 SJ 群体与其他群体, 其值介于 0.065 6 ~ 0.220 2, 平均 0.165 5; 其次是 YJ 群体, 其值介于 0.065 6 ~ 0.196 6, 平均 0.121 3。YJ 和 SJ 群体与其余群体间存在一定的遗传分化, 遗传一致度低、遗传距离远, 遗传分化程度大; 而其余群体间的遗传一致度高、遗传距离近, 遗传分化程度小。

基于 Nei's 遗传距离, 采用 NTsys 进行 UPGMA 聚类分析 (图 3-9)。可以看出, 当以遗传距离为 0.10 时, 20 个群体可明显地分为 2 大类。最南端的 2 个群体, 即 YJ 和 SJ 群体为一大类 (I 类), 而第二大类 (II 类) 的范围较广, 其余 18 个群体均属于这一类, 进一步分为几个亚类: II-1 为来自东南部的两个群体 (GN 和 FN) 及中部和西部的 XW、EY、KM 和 LJ 共 6 个群体; II-2 包括 MD、HQ、LX、LL、CX、YR、BH、SP、JS 和 TL 共 10 个群体; II-3 包括最西部的 GS 和 TC 2 个群体。聚类结果与前述的遗传结构 (彩图 1) 和主坐标分析 (图 3-8) 结果相似, 从 STRUCTURE 的分析图中也可以看出 (彩图 1), GS 和 TC 群体中混合个体较多, 在 UPGMA 聚类时, 这 2 个群体单独成为一个小的亚类。

表 3-13 不同地理分布区域云南松天然群体的 Nei's 遗传距离

群体	BH	CX	EY	FN	GN	GS	HQ	JS	KM	LJ	LL	LX	MD	SJ	SP	TC	TL	XW	YJ	YR
BH	0.0000																			
CX	0.0270	0.0000																		
EY	0.0589	0.0533	0.0000																	
FN	0.0414	0.0582	0.0530	0.0000																
GN	0.0641	0.0739	0.0775	0.0513	0.0000															
GS	0.0616	0.0526	0.0409	0.0569	0.0718	0.0000														
HQ	0.0634	0.0504	0.0759	0.0777	0.0910	0.0598	0.0000													
JS	0.0364	0.0292	0.0643	0.0663	0.0949	0.0626	0.0525	0.0000												
KM	0.0505	0.0566	0.0366	0.0517	0.0527	0.0512	0.0767	0.0524	0.0000											
LJ	0.0916	0.0723	0.0572	0.0816	0.0789	0.0737	0.0946	0.0786	0.0537	0.0000										
LL	0.0497	0.0233	0.0459	0.0715	0.0823	0.0526	0.0397	0.0431	0.0640	0.0643	0.0000									
LX	0.0412	0.0454	0.0708	0.0512	0.0682	0.0643	0.0693	0.0522	0.0579	0.0878	0.0670	0.0000								
MD	0.0718	0.0469	0.0720	0.0933	0.1009	0.0559	0.0616	0.0636	0.0770	0.0884	0.0557	0.0668	0.0000							
SJ	0.1614	0.1525	0.1711	0.1789	0.1943	0.1643	0.1794	0.1473	0.1897	0.2202	0.1644	0.1199	0.1209	0.0000						
SP	0.0226	0.0244	0.0570	0.0486	0.0633	0.0551	0.0460	0.0285	0.0480	0.0610	0.0327	0.0396	0.0594	0.1545	0.0000					
TC	0.1270	0.1060	0.0829	0.1202	0.1247	0.0555	0.0908	0.1260	0.0954	0.0990	0.1026	0.1208	0.0870	0.2103	0.1211	0.0000				
TL	0.0399	0.0354	0.0732	0.0782	0.0950	0.0600	0.0586	0.0292	0.0638	0.0983	0.0443	0.0354	0.0765	0.1499	0.0359	0.1365	0.0000			
XW	0.0759	0.0609	0.0322	0.0604	0.0684	0.0645	0.0933	0.0776	0.0337	0.0409	0.0576	0.0904	0.0957	0.2177	0.0671	0.1029	0.0903	0.0000		
YJ	0.0996	0.0957	0.1506	0.1472	0.1632	0.1318	0.1210	0.0712	0.1485	0.1597	0.1047	0.0823	0.1017	0.3101	0.0656	0.1966	0.0831	0.1783	0.0000	
YR	0.0414	0.0343	0.0628	0.0655	0.0697	0.0434	0.0389	0.0396	0.0566	0.0656	0.0296	0.0645	0.0786	0.1863	0.0249	0.1216	0.0457	0.0602	0.1173	0.0000

注：群体名称的缩写见表 2-1。

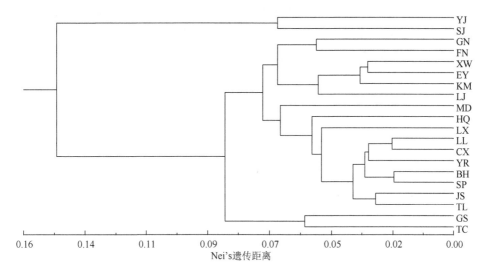

图 3-9　基于 Nei's 遗传距离的不同地理分布区域云南松天然群体的 UPGMA 聚类
（Bootstrap 运算次数为 1 000 次）

注：群体名称的缩写见表 2-1。

3.2.2.5　不同地理分布区域云南松天然群体遗传多样性与环境因子间的相关性

利用 SPSS 软件，对遗传多样性参数（包括 N_a、N_e、I、H_o、H_e、UH_e 和 F）与地理、气候、土壤等因子间的 Spearman's 相关性进行分析。结果表明（表 3-14）遗传多样性指标与经度、纬度和海拔间大多表现为负相关关系，其中有效等位基因数与纬度的相关性达极显著负相关水平（$r = -0.574\ 7$），与海拔间的相关性达显著负相关水平（$r = -0.493\ 4$）；Shannon's 信息指数与纬度和海拔间均达到显著负相关水平，相关系数分别为-0.537 0 和-0.509 8；观测杂合度与纬度和海拔间达极显著负相关水平，相关系数分别为-0.635 8 和-0.566 4；期望杂合度与纬度间达显著负相关水平（$r = -0.458\ 1$）。这些参数与气候指标间的相关性也比较明显，等位基因数、有效等位基因数、Shannon's 信息指数、观测杂合度、期望杂合度与气候因子（年平均气温、最高气温和最低气温）间的相关性均达极显著正相关关系（$P<0.01$），与降雨量指标间的相关性不显著。与土壤因子间的相关性表现为 Shannon's 信息指数和观测杂合度与土壤水分含量间呈显著负相关关系，相关系数分别为-0.512 3 和-0.569 0；而有效等位基因数和期望杂合度与速效钾间的相关性达显著

正相关关系，相关系数分别为 0.539 2 和 0.512 3。等位基因数、有效等位基因数、Shannon's 信息指数、观测杂合度、期望杂合度与土壤水分含量、土壤有机质、pH、全氮、全磷、可溶性氮、速效磷间表现为负相关关系，而与全钾、速效钾间表现为正相关关系。综合来看，云南松群体遗传多样性与其所处的地理位置及其气候因子和土壤因子间存在一定的关系，其中与气温因子间相关性明显，与降雨量间相关性不明显，与各土壤因子间也存在不同的相关性，但绝大多数未达到显著水平（$P > 0.05$）。同时也表明各地理因子、气候因子、土壤因子等对云南松群体各遗传多样性指标影响是不同的。

表 3-14　不同地理分布区域云南松天然群体遗传多样性与地理、气候及土壤因子间的相关性分析

指标	N_a	N_e	I	H_o	H_e	UH_e	F
Long	0.255 9	−0.189 0	−0.035 4	−0.073 0	−0.294 8	−0.279 1	−0.061 3
Lat	−0.258 1	−0.574 7**	−0.537 0*	−0.635 8**	−0.458 1*	−0.467 1*	0.177 3
Alt	−0.139 2	−0.493 4*	−0.509 8*	−0.566 4**	−0.389 5	−0.388 0	0.203 9
T_{mean}	0.212 7	0.662 0**	0.630 2**	0.638 1**	0.570 2**	0.579 3**	−0.095 9
T_{max}	0.189 1	0.597 3**	0.592 9**	0.627 3**	0.509 3**	0.523 9*	−0.124 4
T_{min}	0.209 4	0.641 9**	0.612 6**	0.688 1**	0.556 5*	0.567 3**	−0.155 9
Prec	0.051 9	0.358 9	0.353 5	0.433 8	0.338 5	0.315 9	−0.157 3
SWC	−0.332 3	−0.426 6	−0.512 3*	−0.569 0*	−0.409 3	−0.409 3	0.291 8
pH	−0.070 3	−0.080 3	−0.164 6	−0.075 0	−0.056 5	−0.056 5	0.384 8
GM	−0.366 8	−0.289 0	−0.402 0	−0.337 2	−0.321 1	−0.321 1	−0.014 7
TN	−0.361 4	−0.314 5	−0.432 5	−0.390 9	−0.331 5	−0.331 5	0.068 4
TPH	−0.373 9	−0.171 6	−0.429 8	−0.240 9	−0.171 9	−0.171 9	0.266 9
TPO	−0.149 1	0.161 6	0.062 6	0.291	0.247 9	0.247 9	−0.341 9
HN	−0.121 8	−0.357 8	−0.477 9	−0.313 9	−0.477 9	−0.477 9	0.111 6
EPH	−0.234 9	−0.302 7	−0.451 8	−0.267 8	−0.211 2	−0.211 2	0.068 2
EPO	0.134 2	0.539 2*	0.416 7	0.436 5	0.512 3*	0.512 3*	0.083 4

注：*表示在 0.05%水平上相关性显著，**表示在 0.01%水平上相关性显著。各地理、气候及土壤因子的缩写见表 2-11，各遗传多样性参数的缩写同表 3-2 和表 3-8。

3.2.2.6　云南松天然群体遗传变异几种距离矩阵间的相关性

1. 地理距离与遗传距离间的相关性

为检测群体间的 IBD，对群体间的 Nei's 遗传距离和地理距离之间进行 Mantel 检测，获得两个矩阵的检测图（图 3-10）。结果表明，两个矩阵间相关系数 $r = 0.299\ 15$（$P < 0.05$），表现为随着群体间分布距离的

增大,其遗传距离有增大的趋势,但它们之间的相关性未达到检验水平,未表现出明显的 IBD。从聚类的结果也可以看出(图 3-9),并非按地理分布来聚类,遗传距离与地理距离间的相关性比较小。前面所述地理距离与遗传距离的 Mantel 检测未考虑到群体的遗传结构,而 IBD 的检测可能因为群体遗传结构的存在而产生偏差(Wang,2013)。因此,在进行 Mantel 检测时,需要考虑到群体的遗传结构,或者对各个类群分别进行检测。鉴于此,在前面聚类的基础上,将 SJ 和 YJ 之外的 18 个群体所构成的一个大类单独进行 Mantel 检测,$r = 0.422\,14$($P > 0.05$),较前面全部群体一起分析时相关系数 r 有所提高,但显著性也未达到检测水平($P > 0.05$)。

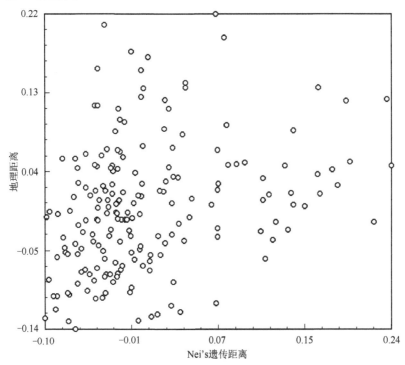

图 3-10　不同地理分布区域云南松天然群体地理距离与遗传距离间的 Mantel 检测

2. 生态距离与遗传距离间的相关性

由前面分析可知,遗传参数与地理、气候及土壤因子间的相关性分析表明,遗传参数与分布的地理位置(经度、纬度和海拔)、气候因子(年平均气温、最高气温和最低气温)等之间存在显著或极显著的相关关系。因此,生态因子也可能影响群体间的分化,进而检测 IBE。结果表明（图3-11），两个矩阵检测相关系数 $r = 0.590\,23$，它们之间的相关性较高，说明各群体间的遗传距离与生态因子间的欧氏距离存在一定的相关，相对于地理距离与遗传距离间的相关性，地理-气候因子间的距离与遗传距离间的相关性更明显（$r = 0.590\,23 > 0.299\,15$）。同样地，对各遗传聚类单独进行 Mantel 检测，结果可知，$r = 0.428\,69$，相对于20个群体整体分析的结果来看，其相关系数有所降低，但也大于在相同情况下的 IBD 检测值。结合上面的分析可知，各群体间的遗传分化由气候等因子引起的可能性大于由地理距离引起的可能性。因此，云南松群体间的遗传距离受气候等因子影响大些，而与地理距离间的相关性较小，即云南松群体的 IBE 作用要强于 IBD 作用。

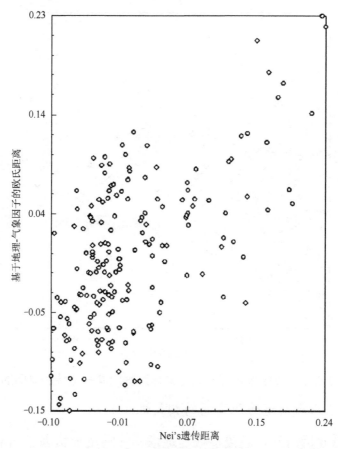

图3-11 不同地理分布区域云南松天然群体遗传距离与地理-气候因子
距离间的 Mantel 检测

此外，用基于土壤因子群体间的距离以及基于地理-气候-土壤因子群体间的距离与群体间的遗传距离进行检测，其相关系数分别为 $r=0.012\,88$ 和 $r=0.507\,21$，同样表明，基于土壤因子的群体间分化与基于遗传距离的群体间分化相关性较弱，而地理、气候和土壤因子的综合作用对群体间的分化作用增强。

3. 遗传变异与生态因子主成分间的相关性分析

前面的分析可知，地理、气候、土壤因子等对云南松群体的遗传分化存在一定的影响，即存在着 IBE。因此，对众多的地理、气候、土壤因子共 79 个指标进行进一步主成分分析，探讨影响云南松群体遗传变异的主要因子（表 3-15）。

表 3-15　云南松群体环境因子的主成分分析

主成分	贡献率/%	累计贡献率/%
PC1	60.42	60.42
PC2	15.76	76.18
PC3	10.09	86.27
PC4	4.64	90.91
PC5	2.32	93.23
PC6	1.75	94.98
PC7	1.48	96.46

前 7 个主成分可解释原始变量的 96.45%，其中第一主成分解释 60.42%，从主成分的变量来看，主要是气温；第二主成分解释 15.76%，主要是降雨及与降雨相关的生物气候因子；第三主成分解释 10.09%，主要是温度变化幅度、降雨变化幅度的生物气候因子。根据各指标在各主成分的特征根、特征向量等，计算各群体各主成分的得分，然后与遗传多样性指标进行相关性分析，结果表 3-16。

表 3-16　云南松群体环境因子主成分与遗传多样性指标间的相关性分析

主成分	N_a	N_e	I	H_o	H_e
PC1	0.149	**0.657****	**0.632****	**0.650****	**0.605***
PC2	-0.167	0.220	0.039	0.261	0.103
PC3	0.070	0.320	0.172	0.238	0.380
PC4	-0.048	0.214	0.127	0.262	0.042
PC5	0.244	0.254	0.167	0.243	0.233
PC6	-0.398	-0.285	-0.417	-0.362	**-0.485***
PC7	0.006	0.278	0.157	0.054	0.127

注：*表示在 0.05%水平上相关性显著，**表示在 0.01%水平上相关性显著。遗传多样性指标缩写见表 3-2 和表 3-8。

由表 3-16 可以看出，遗传多样性指标，包括有效等位基因数、Shannon's 信息指数、期望杂合度、观测杂合度等与第一主成分间存在极显著或显著正相关关系，第一主成分即气温对云南松群体遗传多样性的影响较大，第六主成分（主要解释水解性氮）与期望杂合度间存在显著负相关关系。

4. 表型标记与分子标记间的相关性

第 2 章中基于 7 个针叶性状，分析了群体间的距离，本章根据 SSR 分子标记的结果，也分析了各群体间的遗传距离。现将两个距离矩阵进行 Mantel 检测，分析两种标记即表型标记和分子标记在揭示遗传距离间的关系，两距离矩阵间的 $r = 0.390\ 29$，表明表型标记与分子标记揭示的遗传距离存在一定的正相关关系，但它们之间的相关性未达到检验水平（$P > 0.05$），因为表型是受遗传和环境共同作用的结果，从前面分析的 IBD 和 IBE 可知，表型标记和 SSR 分子标记与两者间的相关系数分别为 0.229 62 和 0.299 15、0.462 64 和 0.590 23，表现为 SSR 分子标记分析的 IBD 和 IBE 均高于表型标记分析的 IBD 和 IBE。

3.2.3　不同海拔梯度云南松天然群体遗传多样性的 SSR 分析

3.2.3.1　不同海拔梯度云南松天然群体遗传多样性

用 16 个 SSR 引物检测了云南松 3 个不同地点共 9 个不同海拔梯度群体 270 个个体（表 3-17）。共检测到 62 个等位基因，平均每个位点有 3.9 个等位基因。期望杂合度和观测杂合度波动于 0.080～0.885 和 0.101～0.802，平均为 0.378 和 0.363，其中观测杂合度和期望杂合度最高的是 PtTX2146（$H_o=0.885$、$H_e=0.802$），该位点具有的等位基因数最多，平均达 7.6，有效等位基因数也是最高，为 5.1 个，Shannon's 信息指数也是最高，为 1.738，是 9 个位点平均值（0.700）的两倍之多。在 16 个检测的 SSR 位点中，位点 PtTX2123、PtTX3127、PyMR05、PyTr06、PyTr19、PyTr20 和 PyTr28 的观测杂合度低于期望杂合度，其余 9 个位点均表现为观测杂合度大于期望杂合度，其中观测杂合度和期望杂合度两者相差较大的存在于位点 PyMR06、PTest1 和 PyMR05，前两者的观测杂合度明显高于期望杂合度，而位点 PyMR05 的则相反，观测杂合度（$H_o=0.080$）较期望杂合度（$H_e=0.221$）低很多，其余 13 个位点的观测杂合度和期望杂合度差别较小。从总体 16 个位点的均值来看，观测杂合度和期望杂合度的差异较小表现为观测杂合度高于期望杂合度，杂合子稍微过剩。

表 3-17　不同位点在不同海拔梯度云南松天然群体中的扩增统计

位点	N_a	N_e	I	H_o	H_e	UH_e	F
PtTX2123	2.889	1.316	0.432	0.213	0.232	0.236	0.074
PtTX2146	7.556	5.100	1.738	0.885	0.802	0.815	-0.103
PtTX3118	6.444	1.948	1.047	0.497	0.476	0.485	-0.038
PtTX3127	5.333	2.003	0.938	0.402	0.460	0.468	0.102
Pr001	4.778	2.520	1.126	0.599	0.592	0.602	-0.013
PTest1	4.333	2.089	0.929	0.722	0.513	0.522	-0.399
PyMR05	2.222	1.326	0.376	0.080	0.221	0.225	0.601
PyMR06	2.222	1.570	0.536	0.468	0.340	0.346	-0.313
PyMR08	3.222	1.378	0.477	0.273	0.251	0.256	-0.074
PyTr06	4.889	2.347	1.013	0.567	0.569	0.579	0.007
PyTr09	3.111	1.138	0.268	0.126	0.118	0.120	-0.054
PyTr19	2.222	1.114	0.213	0.100	0.101	0.103	0.060
PyTr20	2.111	1.650	0.575	0.374	0.382	0.388	0.000
PyTr26	2.333	1.124	0.229	0.115	0.108	0.110	-0.062
PyTr28	4.222	1.826	0.845	0.422	0.443	0.450	0.056
PyTr31	4.556	1.255	0.461	0.214	0.200	0.203	-0.065
平均	3.903	1.856	0.700	0.378	0.363	0.369	-0.014

注：遗传多样性指标见表 3-2 和表 3-8。各位点信息详见表 3-6。

各群体在少数位点显著偏离 Hardy-Weinberg 平衡预期值（$P<$0.05）。其中 PyMR05 在供测试的 9 个群体中，在 8 个群体内表现为不同程度的偏离 Hardy-Weinberg，其次是 PyMR06 和 PtTX3127 位点，在 3 个群体中表现显著或极显著偏离 Hardy-Weinberg 平衡。在供试的 9 个群体中，YM-L 在所有位点均不表现为偏离 Hardy-Weinberg，16 个位点中，PtTX2146、PtTX3118、Pr001、PyMR08、PyTr09、PyTr26 和 PyTr31 共 7 个位点在所有群体中均不表现为偏离 Hardy- Weinberg。但是，没有任何一个位点在所有群体中表现为偏离 Hardy-Weinberg；同样地，没有任何一个群体在所有位点中表现为偏离 Hardy-Weinberg，只是不同的群体表现出偏离 Hardy-Weinberg 平衡位点数有所差异，波动于 2～5 个位点，其中在 LJ-L、LJ-M 和 LJ-H 群体分别有 4、5 和 3 个位点表现出显著或极显著偏离 Hardy-Weinberg 平衡，其余除 YM-L 外的 5 个群体各有 2 个位点表现出显著或极显著偏离 Hardy-Weinberg 平衡。9 个群体中少数位点表现出连锁不平衡（$P<0.05$），其中 LJ-L 和 LJ-M 群体表现出

较高的连锁不平衡对数，分别为 13 和 12 个位点对，其次为 YM-L 和
NL-L 群体，分别表现为 10 和 7 个位点对的连锁不平衡，其余群体有 2～
6 个位点对表现出连锁不平衡。此外，未检测到任何一对位点同时在所
有群体中均表现出连锁不平衡，由此表明这 16 个位点不是相互连锁的
（Bai et al.，2014）。

　　各群体的遗传多样性分析结果列于表 3-18。在检测的 9 个海拔梯度
群体中，除 YM-M 外，其余 8 个群体的多态位点百分率均为 100%。各
个群体的等位基因数和有效等位基因数波动于 3.7～4.4 和 1.8～1.9，平
均为 3.9 和 1.9，其中 YM-L 群体的等位基因数最高（4.4），YM-M 群体
的最低（3.7），有效等位基因数在各群体差异较小，在 LJ-M、LJ-H 和
YM-L 为 1.8，其余 6 个群体为 1.9。

表 3-18　不同海拔梯度云南松天然群体的遗传多样性

群体	N_a	N_e	I	H_o	H_e	UH_e	F	$P/\%$	P_A
LJ-L	3.875	1.883	0.706	0.355	0.365	0.371	0.037	100.00	6
LJ-M	4.188	1.828	0.726	0.371	0.377	0.384	0.031	100.00	6
LJ-H	3.375	1.776	0.645	0.363	0.353	0.359	−0.024	100.00	0
NL-L	3.750	1.889	0.688	0.368	0.356	0.362	−0.010	100.00	4
NL-M	4.000	1.858	0.692	0.354	0.353	0.359	0.051	100.00	5
NL-H	4.063	1.907	0.732	0.393	0.374	0.381	−0.031	100.00	5
YM-L	4.375	1.840	0.732	0.404	0.367	0.374	−0.085	100.00	3
YM-M	3.688	1.858	0.672	0.393	0.349	0.355	−0.059	93.75	2
YM-H	3.813	1.870	0.708	0.405	0.373	0.379	−0.035	100.00	0
平均	3.903	1.856	0.700	0.378	0.363	0.369	−0.014	99.31	

注：群体名称的缩写见表 2-2，各遗传多样性指标的缩写同表 3-2，表 3-8 和表 3-9。

　　观测杂合度和期望杂合度分别波动于 0.354～0.405 和 0.349～
0.377，平均为 0.378 和 0.363。除 LJ-L 和 LJ-M 群体外，其余 7 个群体
均表现为观测杂合度稍高于期望杂合度，即杂合子过剩。在 NL 和 YM
采样地点，3 个不同海拔梯度的期望杂合度表现为高海拔群体＞低海拔
群体＞中海拔群体，但 LJ 采样地点的表现有所差异，为中海拔群体＞
低海拔群体＞高海拔群体，相同的趋势均为低海拔群体的期望杂合度介
于其他两个海拔梯度间。

　　Shannon's 信息指数也是反映遗传多样性的指标之一，在 9 个群体
中的变化范围为 0.645～0.732，平均 0.700，9 个群体 Shannon's 信息指
数的顺序与期望杂合度的排序有所出入。但是，从不同采样地点来分析

比较，在 LJ 采样地点的表现为中海拔群体＞低海拔群体＞高海拔群体；在 NL 采样地点的表现为高海拔群体＞中海拔群体＞低海拔群体；在 YM 采样地点表现为低海拔群体＞高海拔群体＞中海拔群体。总的来看，它们之间的差异均较小。

近交系数 F 为-0.085～0.051，平均-0.014，9 个群体中，在 YM 采样地点的 3 个群体均表现出 $F<0$，说明这些群体中杂合子过量，观测杂合度大于期望杂合度。YM-L 群体的 F 偏离平衡时正常的 0 较多（-0.085），即它们的观测杂合度和期望杂合度相差较大，群体严重偏离了正常随机交配方式。而 NL-L 群体的 F 几乎接近于 0，说明该群体的观测杂合度和期望杂合度相差较小，群体接近理想状态。综合比较得出，不同海拔梯度群体遗传多样性差异较低。

从表 3-18 中还可知，有 8 个群体具有 31 个私有等位基因，其中以 NL 采样地点的 3 个群体具有的私有等位基因数最多，分别具有 4、5 和 5 个，以 YM 的私有等位基因数最少，为 2～3 个，在 LJ 和 YM 采样地点高海拔群体（LJ-H、YM-H）没有发现私有等位基因。

3.2.3.2　不同海拔梯度云南松天然群体遗传分化

分析 F 统计量（F_{IT}、F_{IS} 和 F_{ST}）（表 3-19）。F_{IS} 在 9 个位点为负值，平均为-0.018，说明群体内杂合子过剩；F_{IT} 在 8 个位点中表现为负值，在 8 个位点中表现为正值，平均 0.033，表明总群体整体杂合子不足；而度量群体间遗传变异程度的 F_{ST} 在各位点间波动于 0.010（PyTr19）～0.564（PyMR05），平均为 0.073，表明 9 个云南松天然群体间平均遗传分化为 7.3%，即 7.3% 的遗传变异存在于群体间，而 92.7% 的遗传变异存在于群体内。此外，根据 F 统计量偏离 0 的大小可以看出，总群体（F_{IT}）偏离 Hardy-Weinberg 平衡较小，同时群体内（F_{IS}）偏离 Hardy-Weinberg 平衡也较小。基因流是衡量群体间基因产生流动的指标，当 $N_m>1$ 时，则可以防止两个群体间由于遗传漂变引起的分化（Wright，1931）。16 个 SSR 位点在 9 个群体中的基因流 N_m 平均为 10.933，远远大于 1，它们之间的基因流动较大。因此，云南松群体不易因遗传漂变而引起遗传分化。

表 3-19　各位点在不同海拔梯度云南松天然群体中的 F 统计量

位点	F_{IS}	F_{IT}	F_{ST}	N_m
PtTX2123	0.084	0.111	0.029	8.360
PtTX2146	−0.103	−0.082	0.019	12.587
PtTX3118	−0.043	−0.025	0.018	13.889
PtTX3127	0.127	0.328	0.231	0.833
Pr001	−0.011	0.015	0.025	9.598
PTest1	−0.408	−0.388	0.014	17.731
PyMR05	0.640	0.843	0.564	0.193
PyMR06	−0.375	−0.276	0.072	3.222
PyMR08	−0.087	−0.025	0.056	4.183
PyTr06	0.004	0.024	0.020	12.286
PyTr09	−0.065	−0.046	0.018	13.997
PyTr19	0.012	0.021	0.010	25.016
PyTr20	0.020	0.061	0.042	5.718
PyTr26	−0.066	−0.054	0.011	22.675
PyTr28	0.047	0.072	0.026	9.216
PyTr31	−0.069	−0.052	0.016	15.420
平均	−0.018	0.033	0.073	10.933

注：各 F 统计量见表 3-11，各位点信息详见表 3-6。

群体间遗传分化详见表 3-20。由表中可知，F_{ST} 为 0.008（NL-M *vs* NL-H、YM-L *vs* YM-M）～0.079（NL-L *vs* YM-M、NL-L *vs* YM-H），平均 0.042，在各个采样地点内的 3 个海拔梯度群体，从 F_{ST} 的大小可以看出，海拔梯度群体间以 LJ 采样地点的最大，其次是 NL，表现较低的是 YM，说明不同采样地点海拔梯度间的分化存在不同的遗传变异模式。从表中还可以看出，在 LJ 采样地点，以低海拔与中海拔间的分化较大，低海拔与高海拔间的分化最小，NL 也表现为低海拔与中海拔间的分化较大，而 YM 采样地点有所不同，各海拔梯度间的分化均比较接近。基因流 N_m 在不同采样地点间、不同群体间存在差异，其中 NL 和 YM 采样地点 3 个海拔梯度群体间的基因流较大，LJ 采样地点的稍低。总体来看它们之间的基因流较大，平均为 9.574，它们之间的 N_m 均大于 1，不易因遗传漂变而造成分化（Wright，1931）。

表 3-20　不同海拔梯度云南松天然群体间的遗传分化系数（F_{ST}）和基因流（N_m）

群体	LJ-L	LJ-M	LJ-H	NL-L	NL-M	NL-H	YM-L	YM-M	YM-H
LJ-L		7.124	17.659	5.546	6.344	7.573	4.052	4.044	4.765
LJ-M	0.034		9.962	3.430	4.632	4.368	13.782	10.974	16.454
LJ-H	0.014	0.024		5.458	6.421	6.467	5.496	5.200	6.559
NL-L	0.043	0.068	0.044		14.942	28.940	3.145	2.923	2.923
NL-M	0.038	0.051	0.037	0.016		30.831	3.865	3.610	3.436
NL-H	0.032	0.054	0.037	0.009	0.008		3.622	3.369	3.394
YM-L	0.058	0.018	0.044	0.074	0.061	0.065		29.356	26.918
YM-M	0.058	0.022	0.046	0.079	0.065	0.069	0.008		27.072
YM-H	0.050	0.015	0.037	0.079	0.068	0.069	0.009	0.009	

注：对角线下为 F_{ST}，对角线上为 N_m。群体名称的缩写见表 2-2。

　　把同一采样地点的 3 个海拔梯度群体作为一个组，从而分不同采样地点间、采样地点内群体间、群体内进行分子方差分析，结果见表 3-21。由表中可知，采样地点内群体间即同一采样地点各海拔梯度群体间所占的变异很少，其次是不同采样地点间，而绝大多数的变异（88.64%）存在于群体内，也进一步表明不同海拔梯度群体间的差异较小。

表 3-21　不同海拔梯度云南松天然群体遗传变异的分子方差分析

变异来源	自由度	平方和	方差分量	方差分量/%
采样地点间	2	110.333	0.277	9.76
群体间	6	31.583	0.046	1.61
群体内	531	1 337.583	2.519	88.64
总计	539	1 479.500	2.842	

3.2.3.3　不同海拔梯度云南松天然群体遗传结构

　　采用 STRUCTURE 软件，对云南松不同海拔梯度群体进行遗传结构的分析，结果见图 3-12。首先把 9 个群体一起进行分析，当 $K=2$ 时，ΔK 为最高峰（图 3-12a），9 个群体可能来源于 2 个原始遗传群体，其中 LJ 和 YM 采样地点共 6 个群体为一类，而 NL 采样地点的 3 个群体为另一类。但是，它们之间的分布的独立性较弱，很多个体存在混合的情况，无明显的遗传结构。为了解各采样地点群体间是否存在遗传亚结构，对每一个采样地点进一步分析遗传结构（图 3-12b～d）。3 个地点不同海拔梯度群体的个体分布 Q 值来看，所有个体均不具有明显的独立性，它们之间的遗传结构不明显。综合前面遗传分化（F_{ST}）的分析来看，不同海拔梯度群体间的遗传分化较低，未表现出明显的遗传结构。

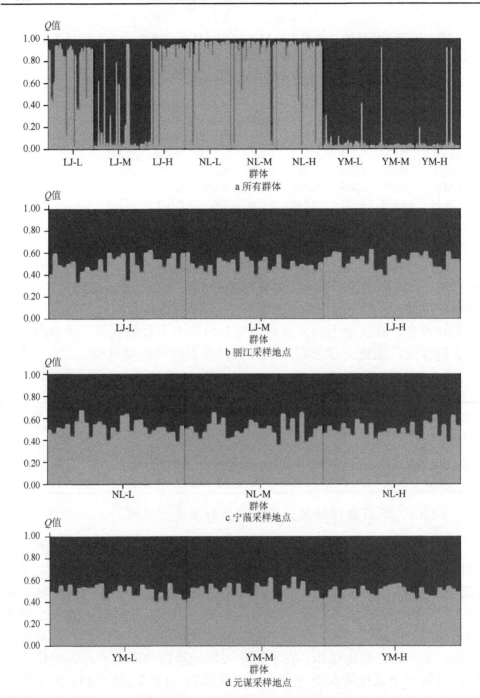

图 3-12　不同海拔梯度云南松天然群体遗传结构（K=2）

注：每个颜色代表不同的分类群(K=2)，条形图代表各类群的个体组成，群体名称缩写见表 2-2。

3.2.3.4　不同海拔梯度云南松天然群体间的遗传距离及其聚类

采用 PowerMarker，计算获得两两群体间的遗传距离（表 3-22），不同海拔梯度群体间的遗传距离表现为 LJ 采样地点为 0.031 1～0.051 2，NL 采样地点为 0.025 3～0.029 5，YM 采样地点 0.022 2～0.025 4，各海拔梯度群体间的分化均较低。

表 3-22　不同海拔梯度云南松天然群体的 Nei's 遗传距离

群体	LJ-L	LJ-M	LJ-H	NL-L	NL-M	NL-H	YM-L	YM-M	YM-H
LJ-L	0.000 0								
LJ-M	0.051 2	0.000 0							
LJ-H	0.031 1	0.042 9	0.000 0						
NL-L	0.061 7	0.076 1	0.054 5	0.000 0					
NL-M	0.059 8	0.061 9	0.054 2	0.029 5	0.000 0				
NL-H	0.050 2	0.061 6	0.056 6	0.026 9	0.025 3	0.000 0			
YM-L	0.074 8	0.044 6	0.064 0	0.089 8	0.083 0	0.081 9	0.000 0		
YM-M	0.063 8	0.044 6	0.051 8	0.088 5	0.083 5	0.084 8	0.024 7	0.000 0	
YM-H	0.053 8	0.038 1	0.046 6	0.086 2	0.082 2	0.077 0	0.025 4	0.022 2	0.000 0

注：群体名称的缩写见表 2-2。

基于 Nei's 遗传距离对各群体进行 UPGMA 聚类（图 3-13）。结果表明（图 3-13a），除 LJ-M 外，其余均为各个采样地点内的海拔梯度群体先聚合后再与其他采样地点的海拔梯度群体聚类形成的大类进行聚类，在 Nei's 遗传距离为 0.04 时，可以分为 4 类，NL 和 YM 采样地点均为各 3 个海拔梯度群体进行聚类，而 LJ 采样地点的分为 2 类，即 LJ-L 和 LJ-H 聚为一类，而 LJ-M 单独为一类，该类先与 YM 采样地点的聚合，再与前两类聚在一起。

在上述分析的基础上，对不同采样地点的 3 个海拔梯度群体进行分析。LJ 采样地点的群体（图 3-13b）表现为低海拔群体和高海拔群体先聚为一类，再与中海拔群体相聚。NL 采样地点（图 3-13c）和 YM 采样地点（图 3-13d）的群体聚类存在一定的相似性，均表现为中海拔群体和高海拔群体先聚为一类，再与低海拔群体相聚。但总体来看，在各采样地点、各海拔梯度群体之间的距离比较小，它们之间的分化比较低。

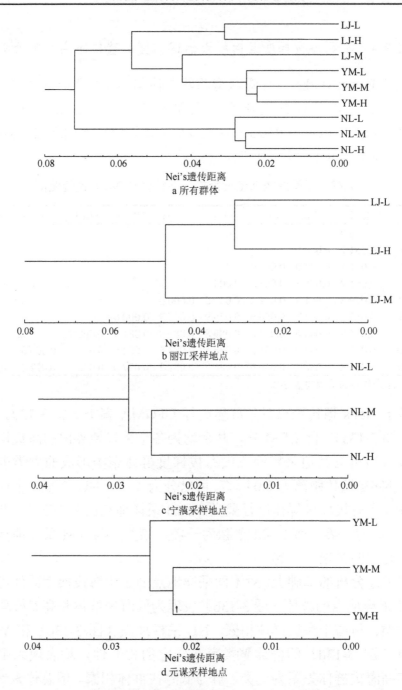

图 3-13　基于 Nei's 遗传距离不同海拔梯度云南松天然群体的 UPGMA 聚类
（Bootstrap 运算次数为 1 000 次）

注：群体名称缩写见表 2-2。

3.2.3.5 不同海拔梯度云南松天然群体遗传多样性与海拔、土壤因子间的相关性

将不同海拔梯度云南松群体遗传多样性指数与群体所在生境的土壤因子及海拔进行相关性分析（表 3-23）。结果表明，有效等位基因数与土壤有机质含量呈极显著（$P<0.01$）、与全氮含量呈显著（$P<0.05$）正相关关系，其他云南松的遗传多样性指数与海拔间的相关性不显著。

表 3-23　不同海拔梯度云南松天然群体遗传多样性与海拔、土壤因子间的相关性分析(Spearman's)

指标	N_a	N_e	I	H_o	H_e	UH_e	F
Alt	−0.118	0.321	−0.088	−0.218	0.008	0.008	0.293
SWC	0.186	0.555	0.475	0.462	0.339	0.339	−0.321
pH	−0.013	0.504	−0.084	−0.109	−0.315	−0.315	−0.050
GM	−0.100	**0.822**[**]	0.017	−0.067	0.025	0.025	0.233
TN	−0.109	**0.730**[*]	−0.042	−0.059	0.025	0.025	0.250
TPH	−0.059	0.548	−0.050	−0.527	0.008	0.008	0.600
TPO	0.126	0.183	0.234	−0.059	0.569	0.569	0.500
HN	0.126	0.548	0.184	0.134	0.100	0.100	0.033
EPH	−0.151	0.639	0.025	−0.067	0.050	0.050	0.167
EPO	0.167	0.365	0.151	0.092	0.167	0.167	0.150

注：*表示在 0.05%水平上相关性显著，**表示在 0.01%水平上相关性显著。各遗传多样性指标的缩写同表 3-2 和表 3-8，海拔与土壤因子的缩写详见表 2-11。

3.3　讨　　论

3.3.1　云南松天然群体的遗传多样性

云南松针叶、球果及种子性状在群体间和群体内均存在显著差异（徐杨等，2015，2016；许玉兰等，2016b；邓丽丽等，2016a，2016b，2017a，2017b；Xu et al.，2016），暗示云南松可能存在丰富的遗传变异。SSR 分子标记分析揭示，云南松群体遗传多样性比较丰富，不同地理分布区域和不同海拔梯度群体平均期望杂合度分别为 0.429 和 0.363，远远大于 Vendramin 等（2008）所提出的遗传衰退的临界值（$H<0.05$），与其他松树如北美乔松（$H_e = 0.531$）（Mandák et al.，2013）、黑松 *P. contorta*（$H_e = 0.543\sim0.708$）（Parchman et al.，2011）、辐射松（$H_e = 0.68\sim$

0.77）（Karhu et al.，2006）、火炬松（H_e = 0.679）（Al-Rabab'ah and Williams，2002）、白皮松 *Pinus bungeana*（H_e = 0.203 9）（Zhao et al.，2013）和脂松 *Pinus resinosa*（H_e = 0.014～0.489）（Boys et al.，2005）等相比，云南松群体遗传多样性属于中等水平。遗传多样性高低与物种繁育特性、种子和花粉传播机制等有关，一般来说，多年生、异交、风媒、高繁殖能力以及种子带翅等生物学特性的物种遗传多样性高（Hamrick et al.，1979）。遗传多样性也受物种的地理分布、群体的大小以及冰川引起气候变化等的影响（Rubio-Moraga et al.，2012），连续大面积分布的群体相对于小生境的群体而言，有更多的机会维持等位基因多样性水平（Sanchez et al.，2014）。云南松分布范围广，且为异交的多年生植物，这些特性有利于产生丰富的遗传变异，从而适应不同的环境条件。云南松群体的遗传多样性属中等水平，丰富的遗传变异是适应复杂生境条件的反应，也具有潜在的适应环境条件多变的能力，为多样性保护提供物质基础，是优良种质资源选择的源泉。

随着海拔梯度的变化，生长量、生物量、抗性、有机物质组成、根系分布等方面都发生变化（Sáenz-Romero et al.，2011a，2011b，2012，2013；Dönmez et al.，2012；Zhou et al.，2014），不同性状呈现不一样的海拔梯度模式（Bresson et al.，2011），从而产生两种不同的反应即遗传多样性相似或相异（Nishimura and Setoguchi，2011）。随着海拔梯度的变化可能会引起一系列物理因素的变化，基因流等方面随之发生变化，从而导致遗传多样性或遗传分化发生改变（Nishimura and Setoguchi，2011；Dönmez et al.，2012；Manel et al.，2012；Ortego et al.，2012；Avolio et al.，2013；Pickup and Barrett，2013），表现为不同的海拔变异趋势，包括随海拔的升高遗传多样性随之增大或降低，中间群体的遗传多样性丰富，而两端低（Vega-Vela and Sánchez，2012；Jugran et al.，2013）；另一种反应就是随海拔梯度的变异而无明显的遗传多样性变化（Nishimura and Setoguchi，2011；Demirci et al.，2012；Shen et al.，2014）。对于不同的物种，在海拔梯度上的变化可能不一样，遗传多样性的分布与海拔梯度间没有一个普遍的规律（Shen et al.，2014）。SSR 分子标记检测到各海拔梯度群体间的遗传多样性存在一定的差异，以低海拔群体的遗传多样性稍高，但这种差异不显著，尤其是在 NL 采样地点的高海拔群体，属于云南松分布的高海拔区域，但遗传多样性的分布和丰富度都没有降低，表明云南松有较强的适应性，这与云南松的生态习性相吻合（金振洲和彭鉴，2004）。

3.3.2　云南松天然群体间的遗传分化

分子方差分析表明绝大多数遗传变异存在群体内（许玉兰等，2015，2016b）。根据 Hamrick 和 Godt（1990）的统计分析揭示异交是维持种群内高水平遗传变异的一个重要机制，从而维持群体内高的遗传多样性和群体间低的遗传分化。与其他针叶树种一样，云南松种子具有种翅，花粉具有气囊，散布能力较强，可远距离运输（Williams，2010），能在大范围内实现基因流动，从而削弱了群体间的遗传分化，研究的结果也表明群体间基因流较高（$N_m = 7.525$），遗传分化降低，仅 YJ 和 SJ 群体表现与其他群体间存在一定的分化，可能是这些群体环境因子的差异产生不同的选择压力造成的。此外，对生境要求不特殊且连续分布的物种应该具有更高的群体内的遗传多样性（Belletti et al.，2012）。云南松横、纵分别跨 12 个经度带和 8 个纬度带（金振洲和彭鉴，2004），分布区生境条件复杂多样（陈飞等，2012）。云南松没有因为环境条件、地理分布等因素引起有限的基因交流，相反，连续分布保持一个足够大的有效群体，以削弱因遗传漂变等因素引起的遗传分化，从而使云南松群体间遗传结构不明显。STRUCTURE 分析表明，云南松 20 个天然群体可能来源于 3 个原始遗传群体，这在后续的主坐标分析和聚类分析中也得到相似的结果，但各群体间的独立性较弱，存在较高比例的混合个体，未表现出明显的遗传结构，遗传分化弱。

不同海拔梯度群体间的遗传距离及其聚类分析表明，当 9 个群体一起聚类分析时，大多数群体表现为在各采样地点内各海拔梯度先聚为一类，再与其他采样地点的群体进行聚类。而单独对各个采样地点 3 个不同海拔梯度群体进行分析，表现出来的规律也有所差异，如 LJ 采样地点，表现为低海拔和高海拔群体先聚类，再与中海拔群体进行聚类，而 YM 和 NL 采样地点有所不一样，表现为中海拔和高海拔先聚类，再与低海拔聚类。这种不同的差异可能是由于各采样地点生境条件或人类因素的干扰等引起。通过 STRUCTURE 的分析来看，存在较高比例的混合个体，即它们之间没有明确的分组，结合遗传分化及基因流来看，无明显的遗传结构，表明海拔对其遗传变异的影响不明显，这种趋势如前所述可能是各群体间比较频繁的基因流产生，另一方面有可能是由于分析的海拔梯度不足（Shen et al.，2014）。云南松的垂直分布海拔较高，云南松的最大垂直分布范围的海拔为 600～3 200 m，可以认为云南松在我国西南山地的分布是具有较强适应性的一个物种，主要范围在海拔 1 600～2 900 m，特别是 2 000～2 500 m（金振洲和彭鉴，2004；邓喜庆等，2013）。本研究是在大量实地调查的基础上，选择海拔高差相对大的 3 个采样地点，从海拔梯度分布来看，未覆盖全部的垂直分布范围。因此，今后可增加样本或采样地点，以提供更多的信息，利于综合、全面、系统地分析云南松群体在不同海拔梯度上的遗传变异。此外，今后可在不同海拔梯度上设置试验，观察这些群体的生长、种子、种苗、物候等方面的变化，了解表型的可塑性，探讨引起这些变异的遗传背景，从而进一步评价不同海拔梯度云南松群体的变异、适应性等。

3.3.3 云南松天然群体遗传变异与生态、环境因子间的相关性

云南松群体遗传多样性与地理、气候因子间表现出一定的相关性，在低海拔、南部暖和地区，如分布区南端 YJ 群体表现为遗传多样性较高，且针叶性状群体内的变异系数也较高（见第 2 章），造成这种分布的原因一方面与所处的环境条件（低海拔、温暖）有关，另外一方面可能与毗邻分布的思茅松间存在基因流。这需要扩大测试群体，增加 cpDNA（花粉流和种子流）和 mtDNA（种子流）的分析，进一步检测基因流。分布区西北部的云南松群体与高山松相邻，但是，遗传多样性未有明显的增加，这可能与高海拔、低温的环境有关，另外可能是云南松与高山松间的基因流动不对称，基因流受内、外多方面因素的影响（Hamilton，2012；Hamilton et al.，2013），高山松向云南松群体的花粉流不明显（Wang et al.，2011）。也可能与它们之间的花期有关，从南到北依次分布思茅松、云南松和高山松，这三者的花期也依次从早到晚（刘永良等，2011），从花期较早的思茅松向花期较晚的云南松的花粉流能成功渗入，而花期晚的高山松向花期早的云南松很难实现花粉流。此外，群体的扩展方向也可能使南端群体的遗传多样性提高，如赤松（Iwaizumi et al.，2013）、脂松（Boys et al.，2005）等松树中表现为北方群体遗传多样性低于南方群体，这种变异的趋势在欧洲和北美的其他树种中也有报道，并推断在北半球后冰期时代之后，北方群体是由南方避难群体建立起来的（Lewis and Crawford，1995；Soltis et al.，1997；Hewitt，2000）。因此，推测云南松也可能是由南向北扩张形成的，但这方面的研究也有待于今后的深入分析探讨。

云南松群体存在一定的地理隔离即 IBD 作用，表现为随云南松群体间地理分布距离的增大，其遗传距离有增大的趋势，但它们之间的相关系数较小，IBD 不明显，表明 IBD 不是目前云南松遗传变异分布产生的机制（许玉兰等，2016a）。从遗传关系的聚类也可以看出，群体间并非按地理分布聚类。相比较 IBD 而言，IBE 的作用更强些，即各群体间的遗传距离由地理、气候等因子的作用大于地理距离产生的分化。因此，推测气候、地理等环境因子使云南松分布区南端的群体与其他群体存在一定的分化，从而独自成为一支。在 Chen 等（2014）对云南省的生态区域分区中，云南松在 Ecoregion II 和 Ecoregion III 有分布，其中 Ecoregion II 恰好为本研究中分布区南端的 YJ 和 SJ 等群体，进一步表明生态环境条件对云南松群体分化的影响。在 Wang 等（2013）研究中也提到，地理和环境因子共同作用可加强群体的遗传分化。因此，单独的地理分布并不是造成云南松群体间遗传变异分布的主导因子，而是群体所处的地理位置如经度、纬度和海拔，以及气候因子等综合作用对群体间的遗传分化影响更大，这些综合因子对云南松群体间遗传分化有一定的作用。当然，今后可采用一些保守序列，以获得更精确的遗传系统进化关系。此外，YJ 和 SJ 群体与其他群体间的分化较大，该群体可能具有独特的适应性和不同的起源。因此，对于这样的群体，一方面要加强种质资源的保护，另一方面，是研究适应性、起源的理想材料。

3.4　小　　结

在表型性状遗传变异分析的基础上，对云南松天然群体进行遗传多样性的 SSR 分析，不同位点在各群体中的扩增情况不一样，每个位点扩增 3～10 个等位基因，多态位点为 97.22%，以 PtTX2146 和 PtTX3118 位点的多态性较高。各个群体的期望杂合度和观测杂合度波动于 0.337～0.521 和 0.367～0.546，以 YJ 和 LX 较高，而 TC 和 XW 较低。多数群体表现杂合子过剩，但有的群体偏离平衡较多，而 YJ 群体比较接近平衡，即理想群体。分子方差分析表明，遗传变异在群体间占 11%，大多数变异存在于群体内。尽管各群体间在表型性状方面表现出极显著的差异，但 SSR 分子标记分析各多样性指标间差异不显著，这种群体间表型形状显著的差异可能是由于不同的生态环境条件所引起的。两两群体的遗传分化表明，YJ 和 SJ 与其他群体间的分化稍高，而其余群体间的分化较弱。基因流分析也表明，各群体间的基因流波动于 1.3～34.9，平均 7.5，高的基因流有利于减弱群体间的分化。遗传结构的分析表明，20 个群体可能来源于 3 个原始遗传群体，其中以 YJ 和 SJ 明显分离于其他群体，其余群体分为两类，但它们之间遗传结构并不独立，存在较高水平的混合个体。主成分分析和聚类结果也表明，这些群体除 YJ 和 SJ 明显分离于其他群体外，其余群体间的聚类不明显，也没有完全按地理分布来聚类。相关性分析表明，遗传多样性参数与部分地理、气候和土壤因子间存在显著或极显著相关关系，一般在低纬度、低海拔、温暖、降水量多的环境下遗传多样性丰富。云南松群体遗传变异不存在明显的地理隔离，同时与环境因子间的关系也未达到显著水平，但生态隔离的作用明显高于地理隔离的作用，表明地理、气候和土壤因子对云南松群体间的分化有一定的决定作用。

　　云南松不同海拔梯度群体遗传多样性与海拔变化间无明显规律，且其群体间的差距非常小，其遗传多样性随海拔的变化不显著。群体间的基因流较大，较高水平的基因流可能是导致云南松不同海拔群体间产生较小遗传分化的原因。分子方差分析揭示云南松天然群体的遗传变异主要分布在群体内，海拔差异对云南松遗传多样性的影响较小。相关性分析表明，云南松遗传多样性指数与海拔因子间的相关性不明显。

参 考 文 献

白青松, 张瑞丽, 许玉兰, 等, 2013. 云南松成熟针叶 DNA 提取方法的比较研究[J]. 广东农业科学, 40(4): 121-123.

陈飞, 王健敏, 孙宝刚, 等, 2012b. 云南松的地理分布与气候关系[J]. 林业科学研究, 25(2): 163-168.

邓丽丽, 孙琪, 许玉兰, 等, 2016a. 云南松不同茎干类型群体针叶性状表型多样性比较[J]. 西南林业大学学报, 36(3): 30-37.

邓丽丽, 张代敏, 徐杨, 等, 2016b. 云南松不同类型群体种子形态及萌发特征比较[J]. 种子, 35(2): 1-6.

邓丽丽, 周丽, 蔡年辉, 等, 2017a. 基于针叶性状的云南松不同茎干类型遗传变异分析[J]. 西南农业学报, 30(3): 530-534.

邓丽丽, 朱霞, 和润喜, 等, 2017b. 云南松不同茎干类型种实性状表型多样性比较[J]. 种子, 36(3): 4-9.

邓喜庆, 皇宝林, 温庆忠, 等, 2013. 云南松林在云南的分布研究[J]. 云南大学学报(自然科学版), 35(6): 843-848.

何正文, 刘运生, 陈立华, 等, 1998. 正交设计直观分析法优化 PCR 条件[J]. 湖南医科大学学报,

23(4): 403-404.

黄海燕, 杜红岩, 乌云塔娜, 等, 2013. 基于杜仲转录组序列的 SSR 分子标记的开发[J]. 林业科学, 49(5): 176-181.

金振洲, 彭鉴, 2004. 云南松[M]. 昆明: 云南科技出版社.

李慧峰, 陈天渊, 黄咏梅, 等, 2013. 基于形态性状的甘薯核心种质取样策略研究[J]. 植物遗传资源学报, 14(1): 91-96.

李强, 万建民, 2005. SSRHunter, 一个本地化的 SSR 位点搜索软件的开发[J]. 遗传, 27(5): 808-810.

刘永良, 毛建丰, 王晓茹, 等, 2011. 同倍杂交种高山松与亲本种云南松的地理隔离研究[J]. 植物分类与资源学报, 33(3): 269-274.

王鹏良, 2006. 马尾松无性系种子园多年份子代遗传多样性分析[D]. 南京: 南京林业大学.

徐杨, 邓丽丽, 周丽, 等, 2015. 云南松不同海拔天然群体种实性状表型多样性研究[J]. 种子, 34(11): 70-74, 79.

徐杨, 周丽, 蔡年辉, 等, 2016. 云南松不同海拔群体的针叶性状表型多样性研究[J]. 云南农业大学学报(自然科学), 31(1): 109-114.

许玉兰, 蔡年辉, 陈诗, 等, 2016a. 云南松天然群体遗传变异与生态因子的相关性[J]. 生态学杂志, 35(7): 1767-1775.

许玉兰, 蔡年辉, 陈诗, 等, 2016b. 基于针叶性状云南松天然群体表型分化研究[J]. 西南林业大学学报, 36(5): 1-9.

许玉兰, 蔡年辉, 徐杨, 等, 2015. 云南松主分布区天然群体的遗传多样性及保护单元的构建[J]. 林业科学研究, 28(6): 883-891.

鄢秀芹, 鲁敏, 安华明, 2015. 刺梨转录组 SSR 信息分析及其分子标记开发[J]. 园艺学报, 42(2): 341-349.

张瑞丽, 许玉兰, 王大玮, 等, 2012. 云南松 SSR-PCR 反应体系的建立与优化[J]. 生物技术通报, 4: 93-97.

Al-Rabab'ah M A, Williams C G, 2002. Population dynamics of *Pinus taeda* L. based on nuclear microsatellites[J]. Forest Ecology and Management, 163(1): 263-271.

Avolio M L, Beaulieu J M, Smith M D, 2013. Genetic diversity of a dominant C_4 grass is altered with increased precipitation variability[J]. Oecologia, 171(2): 571-581.

Bai T D, Xu L, Xu M, et al., 2014. Characterization of masson pine (*Pinus massoniana* Lamb.) microsatellite DNA by 454 genome shotgun sequencing[J]. Tree Genetics & Genomes, 10(2): 429-437.

Basiita R K, Bruggemann J H, Cai N, et al., 2015. Microsatellite records for volume 7, issue 4[J]. Conservation Genetics Resources, 7: 917-944.

Belletti P, Ferrazzini D, Piotti A, et al., 2012. Genetic variation and divergence in Scots pine (*Pinus sylvestris* L.) within its natural range in Italy[J]. European Journal of Forest Research, 131(4): 1127-1138.

Boys J, Cherry M, Dayanandan S, 2005. Microsatellite analysis reveals genetically distinct populations of red pine (*Pinus resinosa*, Pinaceae)[J]. American Journal of Botany, 92(5): 833-841.

Bradley D G, 2004. Measurement of domestic animal diversity: recommended microsatellite markers[M]. Secondary Guidelines:23-51.

Bresson C C, Vitasse Y, Kremer A, et al., 2011. To what extent is altitudinal variation of functional traits driven by genetic adaptation in European oak and beech?[J]. Tree Physiology, 31(11): 1164-1174.

Chen F, Fan Z F, Niu S K, et al., 2014. The influence of precipitation and consecutive dry days on burned areas in Yunnan Province, Southwestern China[J]. Advances in Meteorology, 10(10): 93-97.

Cockerham C C, Weir B S, 1993. Estimation of gene flow from F-statistics[J]. Evolution, 47(3): 855-863.

Demirci B, Lee Y, Lanzaro G C, et al., 2012. Altitudinal genetic and morphometric variation among populations of *Culex theileri* Theobald (Diptera: Culicidae) from northeastern Turkey[J]. Journal of Vector Ecology, 37(1): 197-209.

Devey M E, Bell J C, Uren T L, et al., 2002. A set of microsatellite markers for fingerprinting and breeding application in *Pinus radiata*[J]. Genome, 45(5): 984-989.

Dönmez I E, Hafızoğlu H, Kılıç A, et al., 2012. Effect of altitude on the composition of suberin monomers in the outer bark of Scots pine (*Pinus sylvestris* L.)[J]. Industrial Crops and Products, 37(1): 441-444.

Doyle J J, Doyle J L, 1990. Isolation of plant DNA from fresh tissue[J]. Focus, 12(1): 13-15.

Elsik C G, Minihan V T, Hall S E, et al., 2000. Low-copy microsatellite markers for *Pinus taeda* L.[J]. Genome, 43(3): 550-555.

Elsik C G, Williams C G, 2001. Low-copy microsatellite recovery from a conifer genome[J]. Theoretical & Applied Genetics, 103(8): 1189-1195.

Evanno G, Regnaut S, Goudet J, 2005. Detecting the number of clusters of individuals using the software STRUCTURE: a simulation study[J]. Molecular Ecology, 14(8): 2611-2620.

Excoffier L, Lischer H E L, 2010. Arlequin suite ver 3.5: a new series of programs to perform population genetics analyses under Linux and Windows[J]. Molecular Ecology Resources, 10(3): 564-567.

Falush D, Stephens M, Pritchard J K, 2003. Inference of population structure using multilocus genotype data: linked loci and correlated allele frequencies[J]. Genetics, 164(4): 1567-1587.

Falush D, Stephens M, Pritchard J K, 2007. Inference of population structure using multilocus genotype data: dominant markers and null alleles[J]. Molecular Ecology Notes, 7(4): 574-578.

Glaubitz J C, 2004. CONVERT: a user-friendly program to reformat diploid data for common used population genetic software packages[J]. Molecular Ecology Notes, 4(2): 309-310.

Glenn T C, Schable N A, 2005. Isolating microsatellite DNA loci[J]. Methods in Enzymology, 395: 202-222.

Grabherr M G, Haas B J, Yassour M, et al., 2011. Full-length transcriptome assembly from RNA-Seq data without a reference genome[J]. Nature Biotechnology, 29(7): 644-652.

Haas B J, Papanicolaou A, Yassour M, et al., 2013. De novo transcript sequence reconstruction from

RNA-Seq using the Trinity platform for reference generation and analysis[J]. Nature Protocols, 8(8): 1494-1512.

Hamilton J A, 2012. Genomic and phenotypic architecture of a spruce hybrid zone (*Picea sitchensis*× *P. glauca*)[D]. Vancouver: University of British Columbia.

Hamilton J A, Lexer C, Aitken S N, 2013. Differential introgression reveals candidate genes for selection across a spruce (*Picea sitchensis*×*P. glauca*) hybrid zone[J]. New Phytologist, 197(3): 927-938.

Hamrick J L, Godt M J, 1990. Allozyme diversity in plant species[M]// Brown A D H, Clegg M T, Kahler A L et al. Plant population genetics, breeding, and genetic resources. Sunderland: Sinauer Associates Inc.: 43-63.

Hamrick J L, Linhart Y B, Mitton J B, 1979. Relationships between life history characteristics and electrophoretically detectable genetics variation in plants[J]. Annual review of ecology and systematic, 10(4): 173-200.

Hewitt G, 2000. The genetic legacy of the Quaternary ice ages[J]. Nature,405(6789):907-913.

Hubisz M, Falush D, Stephens M, et al., 2009. Inferring weak population structure with the assistance of sample group information[J]. Molecular Ecology Resources, 9(5): 1322-1332.

Iwaizumi M G, Tsuda Y, Ohtani M, et al., 2013. Recent distribution changes affect geographic clines in genetic diversity and structure of *Pinus densiflora* natural populations in Japan[J]. Forest Ecology and Management, 304(4): 407-416.

Jeanmougin F, Thompson J D, Gouy M, et al., 1998. Multiple sequence alignment with Clustal X[J]. Trends Biochem in Sciences, 23(10): 403-405.

Jugran A K, Bhatt I D, Rawal R S, et al., 2013. Patterns of morphological and genetic diversity of *Valeriana jatamansi* Jones in different habitats and altitudinal range of West Himalaya, India[J]. Flora, 208(1): 13-21.

Karhu A, Vogl C, Moran G F, et al., 2006. Analysis of microsatellite variation in *Pinus radiata* reveals effects of genetic drift but no recent bottlenecks[J]. Journal of Evolutionary Biology, 19(1): 167-175.

Krohn A L, Flores-Rentería L, Gehring C A, 2013. Microsatellite primers in the foundation tree species *Pinus edulis* and *P. monophylla* (Pinaceae)[J]. Applications in Plant Sciences, 1(8): 81-92.

Kutil B L, Williams C G, 2001. Triplet-repeat microsatellites shared among hard and soft pines[J]. Journal of Heredity, 92(4): 327-332.

Lewis P O, Crawford D J, 1995. Pleistocene refugium endemics exhibit greater allozymic diversity than widespread congeners in the genus *Polygonella* (Polygonaceae)[J]. American Journal of Botany, 82(2): 141-149.

Liu K, Muse S V, 2005. PowerMarker: Integrated analysis environment for genetic marker data[J]. Bioinformatics, 21(9): 2128-2129.

Mandák B, Hadincová V, Mahelka V, et al., 2013. European invasion of north American *Pinus strobus* at large and fine scales: high genetic diversity and fine-scale genetic clustering over time in the adventive range[J]. Plos One, 8(7): e68514.

Manel S, Gugerli F, Thuiller W, et al., 2012. Broad-scale adaptive genetic variation in alpine plants is driven by temperature and precipitation[J]. Molecular Ecology, 21(15): 3729-3738.

Mao J F, Li Y, Wang X R, 2009. Empirical assessment of the reproductive fitness components of the hybrid pine *Pinus densata* on the Tibetan Plateau[J]. Evolutionary Ecology, 23(3): 447-462.

Naydenov K D, Naydenov M K, Tremblay F, et al., 2011. Patterns of genetic diversity that result from bottlenecks in Scots Pine and the implications for local genetic conservation and management practices in Bulgaria[J]. New Forests, 42(2): 179-193.

Nishimura M, Setoguchi H, 2011. Homogeneous genetic structure and variation in tree architecture of *Larix kaempferi* along altitudinal gradients on Mt. Fuji[J]. Journal of Plant Research, 124(2): 253-263.

Ortego J, Riordan E C, Gugger P F, et al., 2012. Influence of environmental heterogeneity on genetic diversity and structure in an endemic southern Californian oak[J]. Molecular Ecology, 21(13): 3210-3223.

Parchman T L, Benkman C W, Jenkins B, et al., 2011. Low levels of population genetic structure in *Pinus contorta* (Pinaceae) across a geographic mosaic of co-evolution[J] American Journal of Botany, 98(4): 669-679.

Peakall R, Smouse P E, 2006. GENALEX 6: genetic analysis in Excel. Population genetic software for teaching and research[J]. Molecular Ecology Notes, 6(1): 288-295.

Pickup M, Barrett S C, 2013. The influence of demography and local mating environment on sex ratios in a wind-pollinated dioecious plant[J]. Ecology and evolution, 3(3): 629-639.

Pinzauti F, Sebastiani F, Budde K B, et al., 2012. Nuclear microsatellites for *Pinus pinea* (Pinaceae), A genetically depauperate tree, and their transferability to *P. halepensis*[J]. American Journal of Botany, 99(9): e362-e365.

Pollegioni P, Woeste K E, Chiocchini F, et al., 2014. Landscape genetics of Persian walnut (*Juglans regia* L.) across its Asian range[J]. Tree Genetics & Genomes, 10(4): 1027-1043.

Porth I, El-Kassaby Y A, 2014. Assessment of the genetic diversity in forest tree populations using molecular markers[J]. Diversity, 6(2): 283-295.

Pritchard J K, Stephens M, Donnelly P, 2000. Inference of population structure using multilocus genotype data[J]. Genetics, 155(2): 945-959.

Rohlf F J, 1994. NTSYS-PC: numerical taxonomy and multivariate analysis system, version 1.80[CP]. Setauket New York: Distribution by Exeter SoftWare.

Rubio-Moraga A, Candel-Perez D, Lucas-Borja M E, et al., 2012. Genetic diversity of *Pinus nigra* Arn. populations in southern spain and northern morocco revealed by inter-simple sequence repeat profiles[J]. International Journal of Molecular Sciences, 13(5): 5645-5658.

Sáenz-Romero C, Beaulieu J, Rehfeldt G E, 2011a. Altitudinal genetic variation among *Pinus patula* populations from Oaxaca, México, in growth chambers simulating global warming temperatures[J]. Agrociencia, 45(3): 299-411.

Sáenz-Romero C, Lamy J B, Loya-Rebollar E, et al., 2013. Genetic variation of drought-induced cavitation resistance among *Pinus hartwegii* populations from an altitudinal gradient[J]. Acta

Physiologiae Plant, 35(10): 2905-2913.

Sáenz-Romero C, Rehfeldt G E, Soto-Correa J C, et al., 2012. Altitudinal genetic variation among *Pinus pseudostrobus* populations from Michoacán, México. two location shadehouse test results[J]. Revista Fitotecnia Mexicana, 35(2): 111-121.

Sáenz-Romero C, Ruiz-Talonia L F, Beaulieu J, et al., 2011b. Genetic variation among *Pinus patula* populations along an altitudinal gradient. two environment nursery tests[J]. Revista Fitotecnia Mexicana, 34(1): 19-25.

Sanchez M, Ingrouille M J, Cowan R S, et al., 2014. Spatial structure and genetic diversity of natural populations of the Caribbean pine, *Pinus caribaea* var. *bahamensis* (Pinaceae), in the Bahaman archipelago[J]. Botanical Journal of the Linnean Society, 17(3): 359-383.

Schuelke M, 2000. An economic method for the fluorescent labeling of PCR fragments[J]. Nature Biotechnology, 18(2): 233-234.

Shen D F, Bo W H, Xu F, et al., 2014. Genetic diversity and population structure of the Tibetan poplar (*Populus szechuanica* var. *tibetica*) along an altitude gradient[J]. BMC Genetics, 15(Suppl 1): S11-S21.

Slatkin M, Barton N H, 1989. A comparison of three indirect methods for estimating average levels of gene flow[J]. Evolution, 43(7): 1349-1368.

Soltis D E, Soltis P S, Nickrent D L, et al., 1997. Angiosperm phylogeny inferred from 18S ribosomal DNA sequences[J]. Annals of the Missouri Botanical Garden, 84(1): 1-49.

Van Oosterhout C, Hutchinson F, Wills D P M, et al., 2004. MICRO-CHECKER: software for identifying and correcting genotyping errors in microsatellite data[J]. Molecular Ecology Notes, 4(3): 535-538.

Vega-Vela N E, Sánchez M I, 2012. Genetic structure along an altitudinal gradient in *Lippia origanoides*, a promising aromatic plant species restricted to semiarid areas in northern South America[J]. Ecology and Evolution, 2(11): 2669-2681.

Vendramin G G, Fady B, González-Martínez S C, et al., 2008. Genetically depauperate but widespread: the case of an emblematic Mediterranean pine[J]. Evolution, 62(3): 680-688.

Wang B S, 2013. Hybridization and evolution in the Genus *Pinus*[D]. Umeå: Umeå University.

Wang B S, Mao J F, Gao J, et al., 2011. Colonization of the Tibetan Plateau by the homoploid hybrid pine *Pinus densata*[J]. Molecular Ecology, 20(18): 3796-3811.

Wang B S, Mao J F, Zhao W, et al., 2013. Impact of Geography and Climate on the Genetic Differentiation of the Subtropical Pine *Pinus yunnanensis*[J]. Plos One, 8(6): e67345.

Weber J L, 1990. Informativeness of human (dC-dA)n·(dG-dT)n polymorphisms[J]. Genomic, 7(4): 524-554.

Weir B S, Cockerham C C, 1984. Estimation *F*-statistics for the analysis of population structure[J]. Evolution, 38(6): 1358-1370.

Williams C G, 2010. Long-distance pine pollen still germinates after meso-scale dispersal[J]. American Journal of Botany, 97(5): 846-855.

Wright S, 1931. Evolution in mendelian population[J]. Genetics, 16(2): 97-159.

Wright S, 1943. Isolation by distance[J]. Genetics, 28(2): 114-138.

Wright S, 1951. The genetical structure of populations[J]. Nature, 15(1): 323-354.

Wright S, 1978. Evolution and the genetics of population, Vol. 4. Variability within and among natural populations[M]. Chicago: University of Chicago Press: 97-159.

Xu Y L, Woeste K, Cai N H, et al., 2016. Variation in needle and cone traits in natural populations of *Pinus yunnanensis*[J]. Journal of Forestry Research, 27(1): 41-49.

Xu Y L, Zhang R L, Tian B, et al., 2013. Development of novel microsatellite markers for *Pinus yunnanensis* and their cross amplification in congeneric species[J]. Conservation Genetics Resources, 5(4): 1113-1114.

Yeh F C, Yang R C, Boyle T, 1997. PopGene Version 1.31, Microsoft window-based freeware for population genetics analysis: quick user guide[CP]. Edmonton: University of Alberta: 1-28.

Zhao H, Zheng Y Q, Li B, et al., 2013. Genetic structure analysis of natural populations of *Pinus bungeana* in different geographical regions[J]. Journal of Plant Genetic Resources, 14(3): 395-401.

Zhou Y, Bui T, Auckland L D, et al., 2002. Undermethylated DNA as a source of microsatellites from a conifer genome[J]. Genome, 45(1): 91-99.

Zhou Y, Su J, Janssens I A, et al., 2014. Fine root and litterfall dynamics of three Korean pine (*Pinus koraiensis*) forests along an altitudinal gradient[J]. Plant Soil, 374(1-2): 19-32.

第4章 云南松主分布区天然群体遗传多样性保护单元的构建

4.1 材料与方法

4.1.1 研究对象

以云南松主分布区的 20 个天然群体为研究对象（图 2-1 和表 2-1），基于 SSR 分子标记分析云南松天然群体的遗传多样性（详见第 3 章），并以这些天然群体为初始群体，围绕如何以最少的群体保持尽可能多的遗传多样性为宗旨，按照不同的抽样比例，形成不同范围或规模的遗传多样性保护单元（CU）。

4.1.2 云南松遗传多样性保护单元的构建

对云南松天然群体表型多样性分析揭示了云南松群体的遗传变异主要存在于群体内，各群体间的遗传多样性差异不显著的特点。因此，云南松天然群体的保护应以原地保护为主，且尽可能保护群体的完整性。鉴于此，借鉴核心种质保护的宗旨，即以最少的样本量最大限度地代表该物种的遗传多样性，依据云南松遗传变异的分布现状，开展云南松天然群体遗传多样性保护的分析，采用逐步聚类优先取样法（曾宪君等，2014；Song et al.，2014；刘娟等，2015），即根据遗传相似性从大到小，在遗传相似性大的成对群体间将遗传多样性低的群体剔除，并兼顾考虑群体分布的生态环境及其地理区域进行取舍，其余进入下一轮聚类分析。每次剔除一个群体后剩余的群体作为遗传多样性保护单元，然后对这些遗传多样性保护单元再进行聚类，依此类推，形成不同抽样比例的遗传多样性保护单元，直到最后仅有 2 个群体为止，本研究中分别记为 CU19、CU18……CU2，与之相对应的剔除群体作为剩余群体，分别记为 R1、R2……R18。抽取过程从遗传相似度高且遗传多样性较低的群体不断开始剔除，至遗传多样性保护单元与初始群体间出现显著差异为止，则上一组合即为遗传多样性保护单元（文靓，2013）。如果未检测到显著差异出现，则以 50%的比例为上限，因为当达到或超过 50%时，保护的样本量较大，不满足以最小的样本量代表尽可能多的遗传多样性这一特征要求（李慧峰等，2013）。

4.1.3　云南松遗传多样性保护单元的评价

分析云南松 20 个天然群体的遗传多样性，其中等位基因数（N_a）、有效等位基因数（N_e）、Shannon's 信息指数（I）、期望杂合度（H_e）或 Nei's 遗传多样性指数（H）是衡量遗传多样性的重要指标（Porth et al.，2014），常用于核心种质构建时的评价（Thachuk et al.，2009；Balas et al.，2014；Leroy et al.，2014；Song et al.，2014；Hu et al.，2015；Wei et al.，2015）。因此，采用这 4 个指标对不同抽取比例形成的遗传多样性保护单元或剩余群体进行评价，分别计算遗传多样性保护单元、剩余群体和初始群体之间的遗传多样性，采用 SPSS 软件对它们之间各项指标的差异进行 t 检验，以评价抽取的遗传多样性保护单元对初始群体的代表性。

4.2　结果与分析

4.2.1　遗传多样性保护单元与初始群体间的遗传多样性差异评价

逐步聚类优先取样法形成 18 个遗传多样性保护单元（CU19～CU2），分别与初始群体、剩余群体进行比较，分析它们之间的遗传多样性变化及其差异，结果见表 4-1 和图 4-1。

表 4-1　不同云南松遗传多样性保护单元的比较

保护单元	群体数量	取样比例/%	N_a	N_e	I	H_e
初始群体	/	/	3.672±0.450	2.055±0.190	0.787±0.091	0.429±0.047
CU19	19	95	3.658±0.459	2.058±0.192	0.787±0.093	0.430±0.048
CU18	18	90	3.633±0.459	2.056±0.198	0.782±0.093	0.427±0.048
CU17	17	85	3.600±0.450	2.053±0.203	0.780±0.095	0.427±0.050
CU16	16	80	3.638±0.436	2.069±0.199	0.790±0.087	0.433±0.046
CU15	15	75	3.607±0.433	2.073±0.205	0.789±0.090	0.434±0.047
CU14	14	70	3.607±0.450	2.079±0.212	0.788±0.094	0.432±0.049
CU13	13	65	3.631±0.459	2.092±0.214	0.795±0.094	0.436±0.048
CU12	12	60	3.608±0.472	2.100±0.222	0.794±0.098	0.436±0.051
CU11	11	55	3.591±0.491	2.100±0.232	0.797±0.102	0.440±0.051
CU10	10	50	3.620±0.507	2.090±0.242	0.794±0.107	0.437±0.053

续表

保护单元	群体数量	取样比例/%	N_a	N_e	I	H_e
CU9	9	45	3.600±0.534	2.078±0.254	0.788±0.112	0.432±0.054
CU8	8	40	3.638±0.558	2.100±0.262	0.801±0.112	0.442±0.049
CU7	7	35	3.571±0.568	2.129±0.269	0.811±0.117	0.451±0.046
CU6	6	30	3.600±0.616	2.150±0.288	0.818±0.127	0.453±0.050
CU5	5	25	3.580±0.687	2.140±0.321	0.806±0.138	0.445±0.052
CU4	4	20	3.650±0.772	2.100±0.356	0.804±0.159	0.444±0.060
CU3	3	15	3.533±0.902	2.167±0.404	0.802±0.195	0.448±0.073
CU2	2	10	3.500±1.273	2.200±0.566	0.798±0.276	0.449±0.103

注：N_a：等位基因数；N_e：有效等位基因数；I：Shannon's 信息指数；H_e：期望杂合度。

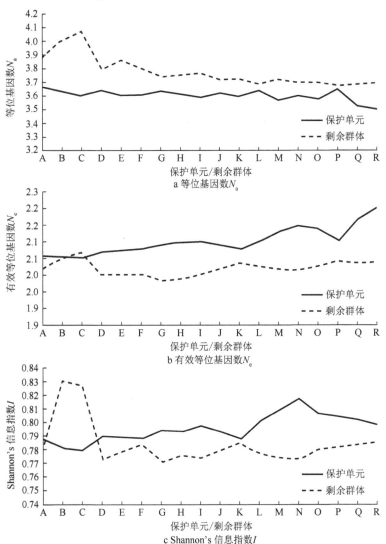

a 等位基因数 N_a

b 有效等位基因数 N_e

c Shannon's 信息指数 I

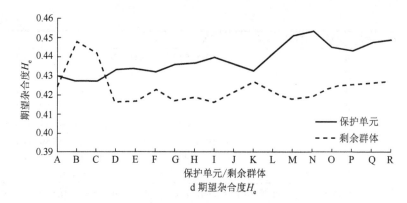

图 4-1　不同抽样比例下遗传多样性保护单元与剩余群体遗传多样性的比较

注：A: CU19/R1; B: CU18/R2; C: CU17/R3; D: CU16/R4; E: CU15/R5; F: CU14/R6; G: CU13/R7; H: CU12/R8; I: CU11/R9; J: CU10/R10; K: CU9/R11; L: CU8/R12; M: CU7/R13; N: CU6/R14; O: CU5/R15; P: CU4/R16; Q: CU3/R17; R: CU2/R18，其中 CU 为保护单元，后面的数字代表群体数；R 为剩余群体，后面的数字代表群体数。

　　不同的抽样比例下形成的各遗传多样性保护单元或剩余群体及其初始群体在等位基因数、有效等位基因数、Shannon's 信息指数、期望杂合度等指标上均存在一定的波动，其中以等位基因数的波动较小，其他指标稍大些。但总体来看，不同遗传多样性保护单元间的差异不明显，这也进一步说明云南松各群体间的遗传多样性差异不显著（许玉兰，2015；Xu et al.，2016a）。因此，无法按照筛选过程中出现显著差异即停止，鉴于这种情况，选择 50%的抽样比例为上限进行分析（李慧峰等，2013），即抽样比例分别为 10%、15%、20%、25%、30%、35%、40%、45%和 50%，共 9 个遗传多样性保护单元 CU，其组成见表 4-2。

表 4-2　云南松不同遗传多样性保护单元的群体组成

保护单元	群体组成
CU10	FN、GN、GS、KM、LX、MD、SJ、TC、YJ、YR
CU9	FN、GN、KM、LX、MD、SJ、TC、YJ、YR
CU8	FN、KM、LX、MD、SJ、TC、YJ、YR
CU7	FN、LX、MD、SJ、TC、YJ、YR
CU6	FN、LX、SJ、TC、YJ、YR
CU5	FN、SJ、TC、YJ、YR
CU4	FN、TC、YJ、YR
CU3	FN、TC、YJ
CU2	TC、YJ

注：各群体信息见表 2-1。

　　对上述的 9 个遗传多样性保护单元（CU10～CU2），分别与初始的

20 个天然群体进行遗传多样性的比较分析。结果表明（表 4-3～表 4-6），除等位基因数外，其他 3 个遗传参数即有效等位基因数、Shannon's 信息指数、期望杂合度的保留率均在 100%以上，即不同抽样比例形成的遗传多样性保护单元均能很好地保存初始群体的遗传多样性。但它们之间的遗传多样性保留率存在差异，等位基因数的保留率从大到小依次为 CU4＞CU8＞CU10＞CU6/CU9＞CU5＞CU7＞CU3＞CU2；有效等位基因数的保留率从大到小依次为 CU2＞CU3＞CU6＞CU5＞CU7＞CU4/CU8＞CU10＞CU9；Shannon's 信息指数的保留率从大到小依次为 CU6＞CU7＞CU5＞CU4＞CU3＞CU8＞CU2＞CU10＞CU9；期望杂合度的保留率从大到小依次为 CU6＞CU7＞CU2＞CU3＞CU5＞CU4＞CU8＞CU10＞CU9，其中 CU6 在 Shannon's 信息指数和期望杂合度方面的保留率均较高。

表 4-3　云南松遗传多样性保护单元和初始群体等位基因数的 t 检验

保护单元	抽样比例/%	平均数	保留率/%	标准差	差值均值	差值标准误	t	显著性
初始群体	/	3.672	/	0.450	/	/	/	/
CU10	50	3.620	98.58	0.507	0.052	0.182	0.275	0.785
CU9	45	3.600	98.03	0.534	0.072	0.191	0.366	0.717
CU8	40	3.638	99.05	0.558	0.035	0.201	0.161	0.873
CU7	35	3.571	97.26	0.568	0.101	0.211	0.467	0.645
CU6	30	3.600	98.03	0.616	0.072	0.228	0.307	0.761
CU5	25	3.580	97.49	0.687	0.092	0.250	0.361	0.722
CU4	20	3.650	99.39	0.772	0.022	0.277	0.072	0.943
CU3	15	3.533	96.22	0.902	0.139	0.316	0.433	0.670
CU2	10	3.500	95.31	1.273	0.172	0.388	0.439	0.666

表 4-4　云南松遗传多样性保护单元和初始群体有效等位基因数的 t 检验

保护单元	抽样比例/%	平均数	保留率/%	标准差	差值均值	差值标准误	t	显著性
初始群体	/	2.055	/	0.190	/	/	/	/
CU10	50	2.090	101.70	0.242	0.035	0.080	-0.437	0.666
CU9	45	2.078	101.11	0.254	0.023	0.084	-0.271	0.789
CU8	40	2.100	102.19	0.262	0.045	0.088	-0.512	0.613
CU7	35	2.129	103.58	0.269	0.074	0.092	-0.797	0.433
CU6	30	2.150	104.62	0.288	0.095	0.099	-0.960	0.347
CU5	25	2.140	104.14	0.321	0.085	0.108	-0.784	0.441
CU4	20	2.100	102.19	0.356	0.045	0.120	-0.376	0.710
CU3	15	2.167	105.43	0.404	0.112	0.135	-0.828	0.417
CU2	10	2.200	107.06	0.566	0.145	0.165	-0.879	0.390

表 4-5　云南松遗传多样性保护单元和初始群体 Shannon's 信息指数的 t 检验

保护单元	抽样比例/%	平均数	保留率/%	标准差	差值均值	差值标准误	t	显著性
初始群体	/	0.787	/	0.091	/	/	/	/
CU10	50	0.794	100.92	0.107	0.007	0.037	−0.194	0.847
CU9	45	0.788	100.17	0.112	0.001	0.039	−0.035	0.973
CU8	40	0.801	101.84	0.112	0.014	0.041	−0.357	0.724
CU7	35	0.811	103.04	0.117	0.024	0.043	−0.557	0.583
CU6	30	0.818	103.99	0.127	0.031	0.046	−0.678	0.504
CU5	25	0.806	102.51	0.138	0.020	0.050	−0.393	0.698
CU4	20	0.804	102.18	0.159	0.017	0.056	−0.304	0.764
CU3	15	0.802	101.95	0.195	0.015	0.065	−0.236	0.816
CU2	10	0.798	101.44	0.276	0.011	0.080	−0.142	0.889

表 4-6　云南松遗传多样性保护单元和初始群体期望杂合度的 t 检验

保护单元	抽样比例/%	平均数	保留率/%	标准差	差值均值	差值标准误	t	显著性
初始群体	/	0.429	/	0.047	/	/	/	/
CU10	50	0.437	101.70	0.053	0.007	0.019	−0.383	0.704
CU9	45	0.432	100.73	0.054	0.003	0.020	−0.157	0.877
CU8	40	0.442	102.95	0.049	0.013	0.020	−0.637	0.530
CU7	35	0.451	104.95	0.046	0.021	0.021	−1.034	0.311
CU6	30	0.453	105.56	0.050	0.024	0.022	−1.076	0.293
CU5	25	0.445	103.75	0.052	0.016	0.024	−0.672	0.508
CU4	20	0.444	103.30	0.060	0.014	0.027	−0.529	0.602
CU3	15	0.448	104.35	0.073	0.019	0.031	−0.604	0.552
CU2	10	0.449	104.47	0.103	0.019	0.038	−0.506	0.619

对不同遗传多样性保护单元及其初始群体间的差异进行 t 检验表明（表 4-3～表 4-6），各遗传多样性保护单元与初始群体间均未表现出显著差异（$P>0.05$），由此可以看出遗传多样性保护单元能很好地代表初始群体，满足抽样群体代表初始群体的遗传多样性的要求（曾宪君等，2014）。但各遗传多样性保护单元的保留率存在一定差异，其中 CU6 在 Shannon's 信息指数和期望杂合度方面的保留率均较高。从保留率也可以看出，随着抽样比例的增加，抽样群体的遗传多样性指标值（包括 N_a、N_e、I 和 H_e）未出现显著性变化，保留率与抽样比例之间无相关性。因此，在群体间遗传变异不大的情况下，遗传多样性保护单元的遗传多样性与保护的群体数量间无显著的关系。

4.2.2　遗传多样性保护单元与剩余群体间的遗传多样性差异评价

当部分群体从初始群体中被抽取作为遗传多样性保护单元后，其余的群体即为剩余群体。不同的遗传多样性保护单元对应不同的剩余群体，这部分群体是遗传资源保护的后备资源，以补充遗传多样性保护单元不足时的需要。与上对应的遗传多样性保护单元 CU2～CU10，对应的剩余群体分别为 R18～R10，即 CU2 为抽取 2 个群体作为遗传多样性保护单元，而剩下的 18 个群体为剩余群体，依此类推。采用 t 检验分别比较成对的遗传多样性保护单元与剩余群体间遗传多样性的差异性，结果见表 4-7～表 4-10。

表 4-7　云南松遗传多样性保护单元和剩余群体间等位基因数的 t 检验

保护单元-剩余群体	保护单元 Mean±SD	剩余群体 Mean±SD	保留率/%	差值均值	差值标准误	t	显著性
CU10-R10	3.620±0.507	3.720±0.405	97.31	0.100	0.205	−0.487	0.632
CU9-R11	3.600±0.534	3.727±0.385	96.59	0.127	0.205	−0.599	0.559
CU8-R12	3.638±0.558	3.692±0.387	98.53	0.054	0.210	−0.257	0.800
CU7-R13	3.571±0.568	3.723±0.388	95.93	0.152	0.214	−0.710	0.487
CU6-R14	3.600±0.616	3.700±0.382	97.30	0.100	0.224	−0.446	0.661
CU5-R15	3.580±0.687	3.700±0.368	96.76	0.120	0.237	−0.507	0.619
CU4-R16	3.650±0.772	3.675±0.370	99.32	0.025	0.258	−0.097	0.924
CU3-R17	3.533±0.902	3.694±0.367	95.65	0.161	0.287	−0.561	0.582
CU2-R18	3.500±1.273	3.689±0.356	94.88	0.189	0.341	−0.533	0.587

表 4-8　云南松遗传多样性保护单元和剩余群体间有效等位基因数的 t 检验

保护单元-剩余群体	保护单元 Mean±SD	剩余群体 Mean±SD	保留率/%	差值均值	差值标准误	t	显著性
CU10-R10	2.090±0.242	2.020±0.114	103.47	0.070	0.085	0.827	0.419
CU9-R11	2.078±0.254	2.036±0.121	102.03	0.041	0.086	0.481	0.636
CU8-R12	2.100±0.262	2.025±0.122	103.70	0.075	0.086	0.870	0.396
CU7-R13	2.129±0.269	2.015±0.121	105.62	0.113	0.086	1.310	0.207
CU6-R14	2.150±0.288	2.014±0.117	106.74	0.136	0.089	1.533	0.143
CU5-R15	2.140±0.321	2.027±0.122	105.59	0.113	0.096	1.181	0.253
CU4-R16	2.100±0.356	2.044±0.136	102.75	0.056	0.107	0.526	0.605
CU3-R17	2.167±0.404	2.035±0.137	106.45	0.131	0.117	1.125	0.275
CU2-R18	2.200±0.566	2.039±0.133	107.90	0.161	0.139	1.162	0.260

表 4-9　云南松遗传多样性保护单元和剩余群体间 Shannon's 信息指数的 t 检验

保护单元-剩余群体	保护单元 Mean±SD	剩余群体 Mean±SD	保留率/%	差值均值	差值标准误	t	显著性
CU10-R10	0.794±0.107	0.779±0.076	101.86	0.015	0.042	0.349	0.731
CU9-R11	0.788±0.112	0.786±0.075	100.31	0.002	0.042	0.059	0.954
CU8-R12	0.801±0.112	0.777±0.077	103.10	0.024	0.042	0.572	0.574
CU7-R13	0.811±0.117	0.774±0.075	104.76	0.037	0.043	0.859	0.402
CU6-R14	0.818±0.127	0.773±0.072	105.79	0.045	0.443	1.012	0.325
CU5-R15	0.806±0.138	0.780±0.074	103.38	0.026	0.048	0.552	0.588
CU4-R16	0.804±0.159	0.782±0.072	102.73	0.021	0.052	0.412	0.685
CU3-R17	0.802±0.195	0.784±0.070	102.30	0.018	0.030	0.739	0.469
CU2-R18	0.798±0.276	0.785±0.069	101.61	0.013	0.069	0.182	0.858

表 4-10　云南松遗传多样性保护单元和剩余群体间期望杂合度的 t 检验

保护单元-剩余群体	保护单元 Mean±SD	剩余群体 Mean±SD	保留率/%	差值均值	差值标准误	t	显著性
CU10-R10	0.437±0.053	0.422±0.041	103.44	0.015	0.021	0.683	0.503
CU9-R11	0.432±0.054	0.427±0.042	101.32	0.006	0.022	0.261	0.797
CU8-R12	0.442±0.049	0.421±0.045	105.01	0.021	0.021	0.986	0.337
CU7-R13	0.451±0.046	0.418±0.045	107.81	0.033	0.021	1.540	0.141
CU6-R14	0.453±0.050	0.419±0.043	108.12	0.034	0.022	1.543	0.140
CU5-R15	0.445±0.052	0.424±0.046	105.05	0.021	0.024	0.880	0.391
CU4-R16	0.444±0.060	0.426±0.045	104.15	0.018	0.027	0.666	0.514
CU3-R17	0.448±0.073	0.426±0.043	105.15	0.022	0.030	0.739	0.469
CU2-R18	0.449±0.103	0.427±0.042	104.98	0.021	0.035	0.599	0.556

　　遗传多样性保护单元与剩余群体间的 t 检测结果表明（表 4-7～表 4-10），各遗传多样性保护单元与对应的剩余群体间均无显著差异（$P>0.05$），除等位基因数以外，保留率均在 100% 以上，说明抽样群体能很好地保持初始群体的遗传多样性。一方面表明遗传多样性保护单元能很好地代表初始群体，它们之间无明显的差异，也进一步印证了云南松各天然群体间的差异较小（许玉兰，2015；Xu et al.，2016a）；另一方面暗示了剩余群体可以很好地补充遗传多样性保护单元的不足。总体来看，除等位基因数外，其他 3 个遗传多样性指标均表现为遗传多样性保护单元高于剩余群体，说明遗传多样性保护单元对初始群体的代表性要优于剩余群体，也体现了遗传多样性保护单元构建的有效性。

　　尽管遗传多样性保护单元与剩余群体间遗传多样性的差异未达到显著水平，但不同抽样比例情况下，遗传多样性保护单元与剩余群体间保留率也有所不同，等位基因数的保留率从大到小依次为 CU4>CU8

＞CU10＞CU6＞CU5＞CU9＞CU7＞CU3＞CU2；有效等位基因数的保留率从大到小依次为 CU2＞CU6＞CU3＞CU7＞CU5＞CU8＞CU10＞CU4＞CU9；Shannon's 信息指数的保留率从大到小依次为 CU6＞CU7＞CU5＞CU8＞CU4＞CU3＞CU10＞CU2＞CU9；期望杂合度的保留率从大到小依次为 CU6＞CU7＞CU3＞CU5＞CU8＞CU2＞CU4＞CU10＞CU9，遗传多样性保护单元与剩余群体的保留率变化趋势与前述的遗传多样性保护单元与初始群体的保留率相似，其中 CU6 遗传多样性保护单元在 Shannon's 信息指数和期望杂合度方面的保留率均最高，有效等位基因数的保留率也比较高。因此，综合分析以 CU6 遗传多样性保护单元作为云南松天然群体种质资源遗传多样性保护的首要对象（许玉兰等，2015）。

此外，在 4 个评价参数中，遗传多样性保护单元相对于剩余群体，等位基因数的保留率低于 100%，而其余 3 个即有效等位基因数、Shannon's 信息指数、期望杂合度均大于100%，与遗传多样性保护单元与初始群体的比较表现一样的变化规律。

4.2.3　遗传多样性保护单元的评价

对上述不同优先保护群体组成的保护单元各作为一个整体进行遗传多样性的比较，包括等位基因数、有效等位基因数、Shannon's 信息指数、期望杂合度等指标。结果表明（图 4-2），以等位基因数作为标准来看，当确定保护 2～6 个群体时，分别保留初始群体（本研究中为20 个）等位基因数的 71.93%、78.95%、87.72%、89.47%、89.47%，即保护的群体达到 6 个时，等位基因数的保留率达到 90% 左右。而其他 3 个指标即有效等位基因数、Shannon's 信息指数、期望杂合度的保留率均在 100% 以上。按 Hamrick 等（1991）提出用基因分化系数 F_{ST} 来估算保护群体数计算，保护的群体数为 6，则所包含的遗传变异的比例为 $1-(F_{ST})^6$。根据前面分析获得遗传分化系数平均值为 0.097，所确定的 6 个群体包括云南松群体总变异的 100%，表明所确定的 6 个群体进行抽样保护可较好地保护该物种的遗传多样性。

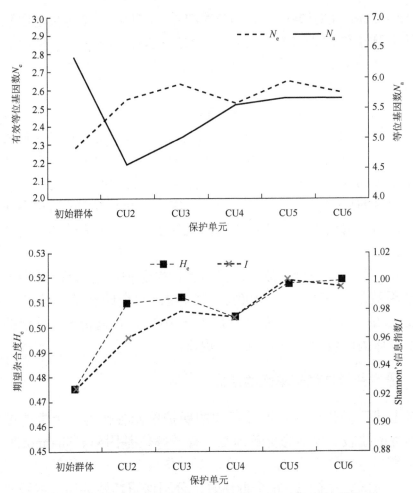

图 4-2　云南松原地保护中各保护单元遗传多样性的变化

注：N_a：等位基因数；N_e：有效等位基因数；I：Shannon's 信息指数；H_e：期望杂合度。

　　综合上述的分析，以 CU6 遗传多样性保护单元为首选的保护对象，即从 20 个初始群体中抽取 6 个群体（FN、LX、SJ、TC、YJ 和 YR），对 6 个群体基于遗传距离进行遗传关系聚类（UPGMA）。

　　结果表明（图 4-3），与初始群体的聚类相比（Xu et al.，2016a；许玉兰，2015），遗传多样性保护单元中各个天然群体间的遗传距离波动更大，表明遗传多样性保护单元的遗传背景存在差异，其抽取的种质具有一定的代表性。从图 4-3 中可知，在遗传距离为 0.07 时，可以分为 3 类，其中 TC 单独为一类，YJ 和 SJ 为一类，其余的 YR、LX 和 FN 为一类，遗传多样性保护单元内各天然群体间存在一定的遗传分化。

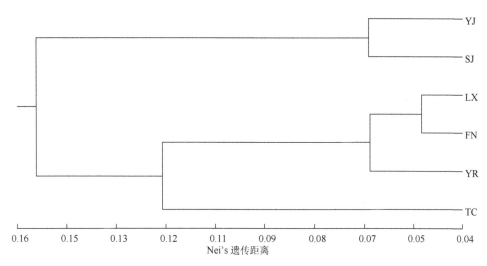

图 4-3　6 个优先保护群体 Nei's 遗传距离的 UPGMA 聚类图

注：群体名称的缩写见表 2-1。

4.2.4　原地保护与其他措施相结合

　　除优先考虑原地保护外，异地保护也是一种可行的选择，特别是优良种质的生境遭到极大破坏。随着经济的快速发展，人类对环境的影响逐渐加剧，云南松优良种质资源生境正在逐渐遭受破坏，而且恢复难度大。因此，从优良的群体中选择优良单株，建立异地种质资源保存圃，从而可为今后的育种工作提供丰富的育种材料。对于一些具有特殊变异的个体，或者分布的生态环境条件比较独特的群体，也可以单独作为保护对象，为开展适应性研究、特殊变异定向选育等奠定物质基础。

　　云南松与表型退化的扭松、地盘松遗传关系较近，它们之间却无明显的遗传分化（许玉兰，2015；徐杨等，2016；许玉兰等，2017），因而推测其表型的退化可能是人为负向选择或环境条件引起的。通过去劣疏伐、天然更新，充分利用自然力，不断提高云南松优质基因比例。同时尽量减少人类生产活动对种质资源生境的干扰，优化群落的功能，持续改善云南松的生存条件，有利于激发云南松优良资源潜在作用，并逐步改善其表型退化的趋势。

4.3　讨　　论

从林木长期的育种计划来看,需要基本群体、育种群体和生产群体,而云南松天然群体的保护就是为云南松长期育种中提供基本群体的保证,避免基因资源的消失,同时为育种源源不断地补充种质资源,实现可持续发展。遗传多样性是资源保护的核心,也是开展育种工作的前提,遗传多样性越高,其适应环境变化的潜力更强,开展育种的物质越丰富(陈灵芝,1993;马克平,1993)。了解遗传多样性的水平及其分布,才能有效地指导种质资源保护策略制定(Dzialuk et al.,2014)。分析表明,云南松遗传变异主要存在于群体内,各群体间的分化较小。因此,以选择一定数量的核心群体以原地保护的方式较为适宜,并尽可能保持群体的遗传多样性。这在其他的松树中也提得比较多,当群体间无明显的遗传分化时,优先采取原地保护的方式(Tijerino and Korpelainen,2014),保存少数的群体即可(Dzialuk et al.,2014)。对于遗传或生境比较特殊的变异,也可考虑作为优先保护单元(Funk et al.,2012)。

云南松天然群体的遗传多样性较高,各群体之间的遗传多样性水平差异不明显,其中以元江群体的遗传多样性最高。因此,元江群体应作为优先保护单元。多群体联合保存能有效地保存群体的遗传变异(李斌和顾万春,2005)。鉴于此,以研究的天然群体为单元,以遗传多样性的保护为核心,结合植株生长势,在逐步聚类的基础上,采用遗传多样性优先取样法比较分析,探讨云南松种质资源的保护策略。结果表明,该取样策略遗传多样性保护单元的遗传多样性保持较好,确保损失遗传多样性降到最低,从分析的结果来看,遗传多样性保护单元的遗传多样性均优于初始群体和剩余群体。尽管结果可能因为标记的选择而产生偏差(Taniguchi et al.,2014),但抽取的群体遗传多样性均能覆盖初始群体的遗传多样性,说明遗传多样性保护单元的构建比较有效,各遗传多样性保护单元均能很好地代表初始群体的遗传多样性。遗传多样性的保留率与抽样群体比例间无直接关系,这可能是因为群体间的遗传变异较小,当遗传多样性保护单元增加时,出现冗余现象,未能增加遗传多样性,欧洲黑杨研究表明冗余的出现可能降低群体遗传变异的均度和丰度(曾宪君等,2014)。这进一步揭示云南松群体间的遗传多样性无明显的变化,保护群体的数量与遗传多样性间无直接的关系;同时也表明以原地保护的方式进行云南松遗传资源的保护是首选措施，而且要求尽可能保持群体的完整性，以保护群体内的遗传多样性（许玉兰等，2015）。优先保护群体的地理分布较为分散，可实现不同生态环境下云南松种质资源的保护；与此同时，这些群体间存在一定的分化，且分布距离较远，遗传相似性低，在一定程度上可降低它们的共祖率，从而降低自交率（Chybicki et al.，2012）。此外，优先保护群体分散在边缘较多，边缘群体可能隐藏着特殊的表型和基因型，从而提高保护的价值（Prus-Głowackia et al.，2012）。

种质资源的保护主要是以尽可能少的数量包含原始群体尽可能多的遗传多样性，这也是核心种质构建的初衷（Frankel and Brown，1984）。核心种质的抽样比例是构建核心种质的关键因素（刘德浩等，2014），要求以最少的样本量尽可能多的代表原始群体的遗传多样性（Frankel and Brown，1984），过多的样本量可能产生的冗余较多，且不利于种质资源的保护与利用，过少无法满足原群体遗传多样性的代表，从而导致资源的丢失（刘德浩等，2014；Brown，1989）。本研究以 10%～50% 的抽样比例下形成 9 个不同的遗传多样性保护单元，各遗传多样性保护单元分别与初始群体间进行比较，它们之间在遗传多样性方面均无显著差异，其中以 6 个群体组成的遗传多样性保护单元的保留率较高；同时对比分析可以看出，等位基因数、有效等位基因数、Shannon's 信息指数、期望杂合度共 4 个遗传多样性指标中有 3 个指标均表现为遗传多样性保护单元高于剩余群体。其中 6 个群体组成的遗传多样性保护单元的保留率明显优于其他遗传多样性保护单元，且群体的分布较为分散，可很好地保存不同生态环境下的云南松种质资源。分析还表明，剩余群体与遗传多样性保护单元在遗传多样性方面无显著差异，表明在遗传多样性保护单元的保护出现特殊情况时（如自然灾害或人为不可控因素的影响等），遗传多样性保护单元可能会丢失一些初始群体的多样性或变异类型，这样可就近选择相似生态环境条件下的剩余群体进行补充。

当然，本研究是基于云南松天然群体遗传多样性的基础上提出的保护策略，即以遗传多样性的高低为目的，围绕如何更好地保护云南松天然群体的遗传多样性。在优先保护群体的选择时以遗传多样性指标，如等位基因数、有效等位基因数、Shannon's 信息指数和期望杂合度作为评价的主要依据，而作为林木，可能还需要考虑生长量、材质等方面，在保护的同时兼顾利用。表型性状与分子水平的结合是核心种质走向应用的有效途径（刘德浩等，2014），表型值的评价是构建核心种质的基本要求，但也可只进行分子遗传多样性评价即可满足表型遗传多样性研究（曾宪君等，2014），因为分子标记与表型标记在揭示遗传多样性方面存在相关性（许玉兰，2015），基于分子标记遗传多样性研究结果为构建核心种质提供了遗传背景资料。在不同的遗传多样性保护单元中，等位基因数表现为保留率低于100%，而其余3个指标均高于100%，即等位基因数均比原始群体有所降低，而其他指标均能得到维持。不同性状对个体遗传变异的分析有所不同，但它们之间无明显的差异，这在其他植物的核心种质构建时也表现为同样的规律（刘娟等，2015），其中方家林等（2013）将等位基因数的降低归结为冗余资源的剔除过程中，杂合度不高的排除在外，杂合度增加的同时纯合基因型将减少，基因型数目也随之减少，而遗传多样性保持或增加。因此，本研究中造成等位基因数的下降可能是在抽取遗传多样性高的群体时，杂合度增加，导致基因位点的降低。

　　云南松作为分布区域内的重要用材树种，按群体作为分析的单元进行保存，除了优良的基因资源被保存外，其中也含有低劣类型，而资源的保护也要为育种工作的开展服务，保存优良的云南松种质资源是保护该物种的最终目的。因此，在今后的研究中，可考虑按表型（如胸径、树高、材积等生长量指标）选优进行个体保护的研究，以保证表型优良的核心种质被保存下来。同时结合表型与分子标记综合考虑，整合表型与分子方面不同的数据信息，或增加不同的取样方法，探讨云南松种质资源保存的适宜方式。由于本研究中所采用的天然群体集中于云南松的主分布区，并未包括所有的云南松遗传资源，所以初步构建的遗传多样性保护单元需要不断补充新的群体，以利于云南松遗传资源的多样性维持甚至更新（许玉兰，2015）。

　　除考虑原地保护外，异地保护也是需要兼顾的，可建立一定的异地保护群体，如种子园、优树收集圃等，以确保长期育种中不同阶段和不同层次的需要。从分析的结果可知，云南松群体间的遗传变异存在一定的差异，因此在选择育种时，可开展种源选择工作，然后再考虑家系或单株选择。从云南松与扭松、地盘松间较近的遗传关系来看，它们无明显的遗传分化，其表型的退化可能是负向选择或环境条件引起的。因此，可通过伐除群体中低矮、扭曲、弯曲的个体，保留通直、高大的个体，通过自然落种更新，以实现云南松林分的改良；也可通过改善环境条件，如在立地条件较差的地段，通过改土集水等栽培措施，逐步改善云南松生长环境，优化生态功能，恢复云南松种群的优势。确定云南松合适的造林区域或地段，同时需要减少人类活动对天然群体的压力，避免逆向选择的加剧。此外，由于云南松的适应性较强，分布范围广，相比较而言，思茅松的分布较小，但生长速度快，且松脂含量很高，遗传关系较近，可考虑开展一定的杂交选择工作，通过杂交选育获得适应性强、生长快且松脂产量不降低的新类型，在区域经济和林业生态建设中发挥更大的作用（许玉兰，2015）。

4.4　小　　结

通过逐步聚类优先取样法，以群体为单元，以遗传多样性的保护为核心，构建了云南松的遗传多样性保护单元。通过遗传多样性的比较，结合云南松自然分布的生境，认为 6 个群体组成的遗传多样性保护单元为云南松群体保护的首选，从遗传多样性保护单元与初始群体的比较来看，仅等位基因数有所下降外，其余的有效等位基因数、Shannon's 信息指数和期望杂合度均高于初始群体或剩余群体，较好地代表了初始群体的遗传多样性。同时遗传多样性保护单元内各天然群体的地理分布相对较为分散，也能很好地代表不同的生态环境条件。此外，构建的遗传多样性保护单元具有比较高的遗传多样性，为资源的保护与利用奠定基础。

参 考 文 献

陈灵芝, 1993. 中国的生物多样性现状及其保护对策[M]. 北京: 科学出版社.

方家林, 龙青姨, 华玉伟, 等, 2013. 基于 EST-SSRs 的巴西橡胶树魏克汉种质核心种质构建研究[J]. 热带作物学报, 34(6): 1013-1017.

李斌, 顾万春, 2005. 白皮松保育遗传学——天然群体遗传多样性评价与保护策略[J]. 林业科学, 41(1): 57-44.

李慧峰, 陈天渊, 黄咏梅, 等, 2013. 基于形态性状的甘薯核心种质取样策略研究[J]. 植物遗传资源学报, 14(1): 91-96.

刘德浩, 张卫华, 张方秋, 2014. 尾叶桉核心种质初步构建[J]. 华南农业大学学报, 35(6): 89-93.

刘娟, 廖康, 曼苏尔·那斯尔, 等, 2015. 利用 ISSR 分子标记构建南疆杏种质资源核心种质[J]. 果树学报(3): 28-38.

马克平, 1993. 试论生物多样性的概念[J]. 生物多样性, 1(1): 20-22.

文靓, 2013. 湖北乡土杨树的核心种质构建研究[D]. 武汉: 华中农业大学.

徐杨, 邓丽丽, 周丽, 等, 2016. 云南松 EST-SSR 引物在其近缘种中通用性的研究[J]. 西南林业大学学报, 36(1): 16-20.

许玉兰, 2015. 云南松天然群体遗传变异研究[D]. 北京: 北京林业大学.

许玉兰, 蔡年辉, 白青松, 等, 2017. 基于微卫星分子标记的云南松及其近缘种遗传关系分析[J]. 西南林业大学学报, 37(1): 1-9.

许玉兰, 蔡年辉, 徐杨, 等, 2015. 云南松主分布区天然群体的遗传多样性及保护单元的构建[J]. 林业科学研究, 28(6): 883-891.

曾宪君, 李丹, 胡彦鹏, 等, 2014. 欧洲黑杨优质核心种质库的初步构建[J]. 林业科学, 50(9): 51-58.

Balas F C, Osuna M D, Domínguez G, et al., 2014. Ex situ conservation of underutilised fruit tree species: establishment of a core collection for *Ficus carica* L. using microsatellite markers (SSRs)[J]. Tree Genetics & Genomes, 10(3): 703-710.

Brown A H D, 1989. Core collections: A practical approach to genetic resources management[J]. Genome, 31: 818-824.

Chybicki I J, Oleksa A, Kowalkowska K, 2012. Variable rates of random genetic drift in protected populations of English yew: implications for gene pool conservation[J]. Conservation Genetics, 13(4): 899-911.

Dzialuk A, Chybicki I, Gout R, et al., 2014. No reduction in genetic diversity of Swiss stone pine (*Pinus cembra* L.) in Tatra Mountains despite high fragmentation and small population size[J]. Conservation Genetics, 15(6): 1433-1445.

Frankel O H, Brown A H D, 1984. Plant genetic resources today: A critical appraisal [C]//Holden J H W, Williams J T. Crop Genetic Resources: Conservation & Evaluation. London: George Allen & Urwin Ltd: 161-170, 249-257.

Funk W C, McKay J C, Hohenlohe P A, et al., 2012. Harnessing genomics for delineating conservation units[J]. Trends in Ecology & Evolution, 27(9): 489-496.

Hamrick J L, Godt M J W, Murawski D A, et al., 1991. Correlation between species traits and allozyme diversity: implication for conservation biology[M]//Falk D A, Holsinger K E. Genetics and conservation of rare plants. NewYork: Oxford University Press.

Hu J B, Wang P Q, Su Y, et al., 2015. Microsatellite diversity, population structure, and core collection formation in melon germplasm[J]. Plant Molecular Biology Reporter, 33(3): 439-447.

Leroy T, De Bellis F, Legnate H, et al., 2014. Developing core collections to optimize the management and the exploitation of diversity of the coffee Coffea canephora[J]. Genetica, 142(3): 185-199.

Porth I, El-Kassaby Y A, 2014. Assessment of the genetic diversity in forest tree populations using molecular markers[J]. Diversity, 6(2): 283-295.

Prus-Głowackia W, Urbaniaka L, Bujasa E, et al., 2012. Genetic variation of isolated and peripheral populations of *Pinus sylvestris* (L.) from glacial refugia[J]. Flora, 207(2): 150-158.

Song Y, Fan L, Chen H, et al., 2014. Identifying genetic diversity and a preliminary core collection of

Pyrus pyrifolia cultivars by a genome-wide set of SSR markers[J]. Scientia Horticulturae, 167(3): 5-16.

Taniguchi F, Kimura K, Saba T, et al., 2014. Worldwide core collections of tea (*Camellia sinensis*) based on SSR markers[J]. Tree Genetics & Genomes, 10(6): 1555-1565.

Thachuk C, Crossa J, Franco J, et al., 2009. Core hunter: an algorithm for sampling genetic resources based on multiple genetic measures[J]. BMC Bioinformatics, 10(2): 169-173.

Tijerino A, Korpelainen H, 2014. Molecular characterization of Nicaraguan *Pinus tecunumanii* Schw. ex Eguiluz et Perry populations for *in situ* conservation[J]. Trees, 28(4): 1249-1253.

Wei L, Dondini L, De Franceschi P, et al., 2015. Genetic diversity, population structure and construction of a core collection of apple cultivars from Italian Germplasm[J]. Plant Molecular Biology Reporter, 33(3): 458-473.

Xu Y L, Cai N H, Woeste K, et al., 2016a. Genetic diversity and population structure of *Pinus yunnanensis* by simple sequence repeat markers[J]. Forest Science, 62(1): 38-47.

Xu Y L, Woeste K, Cai N H, et al., 2016b. Variation in needle and cone traits in natural populations of *Pinus yunnanensis*[J]. Journal of Forestry Research, 27(1): 41-49.

附 录

附表 A 基于云南松基因组磁珠富集法开发的 SSR 引物信息

引物	序列（5′→3′）	退火温度/℃	重复单元	Genbank No.
PyMR01	CGCAGGCTCCAAGCAAAG TATTCCCAACCAACTCCC	56.0	$(TC)_4T(TC)_2(TTC)_2$	KC175584
PyMR02	CGTAGGAACCGAGATAAA GTGAGGTAAGGCAGAGGG	58.0	$(GA)_3CCAATG(GA)_3$	KC175586
PyMR03	GACGAACAGGGAGTAGCG AGAATCACCAGGTTAGCG	56.0	$(ACC)_4$	KC175587
PyMR04	GGAGGCTCTAAATAAATCG TGGACACTGGGTCGCATA	50.0	$(AGG)_5$	KC175589
PyMR05	AAAATGCCTGCGAAACAC TTCAACCGAGTCCTACCG	59.0	$(TG)_3GCACCCAT(TG)_3$	KC175590
PyMR06	TCCATTGATTTCACCTCCTT TGGGTCCTCATTTCCTAA	52.0	$(CCA)_3CCT(CCA)_2$	KC175591
PyMR07	ATTATCCAACCACTCTGCCTCC CTATGTATCTTCACTCCCTAT	59.0	$(CCA)_6$	KC175592
PyMR08	CCCGCCAATGCATTTTATAC TTGGTGTGTGTGTGGATGAT	50.0	$(AC)_{10}$	KC175593
PyMR09	ACTTAGATGTTGCTGCTT TCCTTATCCGTTTGGTAT	46.0	$(AC)_7$	KC261508
PyMR10	AGGGTAGGTAGCAGCAGT TACACCAAACAGGCAAGG	51.0	$(CAA)_3$	KC261509
PyMR11	GGCGGCTTAGTTAGGTCC CTCTGGCTCCGTTCTTGT	53.0	$(ATTC)_3CTCCCT(TTCA)_3$	KC261510
PyMR12	CCCACATACACCTTCACC ACAGCATTCGCAACAAAC	48.7	$(CCA)_4$	KC261512
PyMR13	CGACACTATGGAGTAGGGAACA ATAATCAATGGGTCAAGC	48.2	$(CTT)_2C(CT)_{10}$	KC261513
PyMR14	CTTCGTTCCCTACTCCTA AATGTCACCGCCTTCACC	49.0	$(GTG)_3CCGGAG(GTG)_3$	KC261514
PyMR15	CCGTTCGCTATCGTTCCC GGCTATCGGCTATTTCGT	54.1	$(GTC)_3(GCCGCC)(GTC)_6$	KC261515
PyMR16	TCGTGCCTGTTTGGTGTA CGGGTTAGCGTAGATTAG	48.1	$(GT)_7$	KC261516
PyMR17	GTGATGGTCCTCCCTCCT CATACAGCGAACATAGCC	51.9	$(GTG)_4$	KC261517

引物	序列（5′→3′）	退火温度/℃	重复单元	Genbank No.
PyMR18	CCTTCGCAACAAACCAAA AACATCATCCATCCACCC	51.3	$(GGT)_4$	KC261518
PyMR19	ATAGACTTAGATGTTGCTGCTT GCTCCTTATCCGTTTGGT	48.1	$(AC)_7$	KC261508
PyMR20	TCCCATACAACCCTCACA CAGAATCCAAAGGACCAC	50.0	$(ACA)_3$	KC175585
PyMR21	CTCTGTTGGGTTGGTTCG CCTTGTAGCGGTGTTTCC	53.8	$(TCAG)_3$	KC261510
PyMR22	ACTCACTCCTACGCTCACA TTAGTTCGCTATCGCTCAT	52.4	$(TCAG)_3$	KC261510
PyMR23	GGTGACAGTGACCCAGAA AAGTGAGGTAAGGCAGAG	48.6	$(GA)_3CCAATG(GA)_3$	KC175586
PyMR24	ACACTATGGAGTAGGGAACA GAGATAATCAATGGGTCAA	48.2	$(CTT)_{12}C(CT)_{10}$	KC261513
PyMR25	CCTCCCTCCTCGTGAATA ACCTAACAAACACCCAGT	50.6	$(GTG)_4$	KC261517
PyMR26	CGATGCTGCCTTTGCTCC TTACTTACCCACCCGATA	50.1	$(TC)_5$	KC175590
PyMR27	GAAGAGGGAGTAGCACAG AGCAGAATCAAGTTAGCG	50.3	$(CCA)_3CCT(CCA)_2$	KC175591
PyMR28	TCCAACCACTCTGCCTCC GCTATGTATCTTCACTCCCT	50.0	$(CCA)_6$	KC175592
PyMR29	TATCCAACCACTCTGCCTCC GCTATGTATCTTCACTCCCT	49.8	$(CCA)_6$	KC175592
PyMR30	GTTAGCGTAGATTAGATGTG TCCTTGTCCGTTTGGTAT	46.3	$(AC)_8$	KF439703
PyMR31	AAGTTGGTGAGGGTGATT CGGGTTAGCGTAGATTAG	50.4	$(GT)_5$	KF439705
PyMR32	AGGAGGAGGAAGTTGTGC ACCGTTGTCCCTGTATGG	53.7	$(ACC)_4$	KF439704
PyMR33	TCAGAAGGTGCGAAGGAA TGGCAGGTAGATGAGGAGAC	53.2	$(TGG)_8$	KF439706
PyMR34	TCAGAAACAAACAGGGAA GGCAAGTAAGGGAGTAGG	48.0	$(TC)_3$	KF439707
PyMR35	AACAATCCCTGACAACCC ATGGACGATGGCAGCAAA	48.2	$(AC)_3AT(AC)_3CC(AC)_7$	KF439708
PyMR36	GGAATAGGGAACCAACAA GTGGCTCAGATACAGAAAGA	47.9	$(CCA)_3$	KF439709
PyMR37	GTTAGCGTAGATTAGATGTG GCTCCTTGTCCGTTTGG	47.0	$(AC)_9$	KF439714
PyMR38	CTCTTCCTTTGCTTTTAT TCCCTTTTGTTAGTTCAG	45.5	$(AG)_4G(AG)_7$	KF439716

续表

引物	序列（5′→3′）	退火温度/℃	重复单元	Genbank No.
PyMR39	CTGTTACCCGACACTTCT ATTCCATCATAATCCACC	48.4	$(AAG)_3$	KF439710
PyMR40	CCTTGTGCCACCCATTAC ACGGACCAACTGCTTATTT	48.3	$(AT)_5(GT)_9$	KF439711
PyMR41	CCTAACCATTCCCAACCA CACCTTCAACAGGCTCCA	52.2	$(GA)_2G(GA)_3A(GA)_4$	KF439712
PyMR42	GGTGATGTGGGCGGAGAT CGAGAAAGCGACGAAGAG	52.8	$(TGG)_3$	KF439713
PyMR43	ATCTTCATTCCCTACTCC ATTTCATCATCTTCACCC	47.5	$(GTG)_3$	KF439715
PyMR44	GCTGCGAAGTGCGATAAA GGGCGAGGATGGAAGTGA	51.7	$(CAC)_3$	KF439717
PyMR45	CTCTGTTGGGTTGGTTCG CCTTGTAGCGGTGTTTCC	53.8	$(TCAG)_3$	KF439718
PyMR46	TCTGACAATGACCAGGAGG ATAAGGAAGCGAGAACCC	54.0	$(CCA)_4$	KF439719
PyMR47	CAGGAGGACGAGGTGGAGCA GCATAAGGAAGCGAGAAC	54.3	$(CCA)_4$	KF439719
PyMR48	AGATTGTGCGTGTTGTCG GGCAGAGGCAGTGTAGGT	50.7	$(TGA)_3$	KF439720
PyMR49	TCACAAAGCCTTCACAAT AATACCTCATCCACCCAC	50.6	$(GGT)_5$	KF439721
PyMR50	ATGTTGAATGGTGGCAGAG AGTTGGTAAGACAGGGTTT	50.0	$(GGT)_5$	KF439721

附表 B　基于云南松转录组开发的 EST-SSR 引物信息

引物	序列（5′→3′）	退火温度/℃	重复单元	Genbank No.
PyTr01	GAACATTCCCAAGACAAATACCA CATTTAAAACAAACACCTCCTGC	60.0	GGA	KX519346
PyTr02	ATGACTTCTCCAAATGCTCAGTC ACCTTCATCGACAGTGTTGTTCT	59.9	ATG	KX519347
PyTr03	GCGTACTGTTGTCTGTTTTCCAC AAGTGTTCGTGCAGAGAGAAGAC	60.5	GCC	KX519348
PyTr04	GGAACCATAAACAATCCAAACAA TATCATCTCACTACGAAGGGGTG	60.2	GGT	KX519349
PyTr05	CTCAGATTTATGCCCAAGCTTCT ACCACGATACCACATTAATGACC	60.5	AGAT	KX519350
PyTr06	ATGCTGGTGACATTAAATCCAAG ATCACAATATCTTCTGCTGCGTC	60.5	AAG	KX519351

引物	序列（5′→3′）	退火温度/℃	重复单元	Genbank No.
PyTr07	ATGTTAGAGCAACACAGGAGAGC GAGCTGTTGACACCCATACTAGC	60.1	TGA	KX519352
PyTr08	CCAATGAATGTACTGCTAGGACC TGTAAGGTATGTCGAGGAGCATT	60.0	ATG	KX519353
PyTr09	AGAGAATTAGCCAGATGATGTGC CAGATTCCATCATAATAGCAGCC	59.9	GAG	KX519354
PyTr10	AATTCTCATTCTCTCCTGCAGAC AAACTGAGAAACTTCTGGAAGGC	59.6	GAA	KX519355
PyTr11	TGTAAGTTTGTCCAAGAACCTGC CAGTGAAGGCTCGTATAAAGGAC	59.9	TTAT	KX519356
PyTr12	GAGCTTCTATTTCCTTTATCGGC CTTGAAAGTTGAGGAGTCTTTGC	59.7	TTC	KX519357
PyTr13	TCATACAGTGGATGTTGGAGAAC AGCTAATAGCAGTGAGCTTCTGG	59.2	CTG	KX519358
PyTr14	CATCACTTGGGTATCTCTTTGGA TATCCCTTTATTGCCCTATCACC	60.4	ATAG	KX519359
PyTr15	TGAAAGCGAAGTAGCTTGGTAA ACAAGAACCATGATAAATCGCTG	60.4	TCC	KX519360
PyTr16	AGGAGGAGGACGATGATGTG ATTGCCTAGTTCGTTCAATGC	59.7	GGA	KX519361
PyTr17	ACAGCAACATTTAAGTCAGCGTT TGGAGAGGATTGCTGAGATACTT	59.8	CAG	KX519362
PyTr18	GAATAGGTAAGGGAGTGAAAGGG AAATTACCAGCAAAACCCAAGTT	59.8	GAG	KX519363
PyTr19	GGGGTTATCAAAGAACGAGACTT CCAGAGGGGTATCCATAGGTAAG	60.0	GGA	KX519364
PyTr20	CATCTTCATCTTCATCATCATCCT AAAATGTGGCCACTGGTACTAAA	59.6	TCA	KX519365
PyTr21	CAAGCAGGAGAGTCAATCATTTC GTTGGAAGAATGGTTGCAGATT	60.3	TCA	KX519365
PyTr22	GGGGTTATCAAAGAACGAGACTT AACCAATGTGTAGCGAGTATGGT	59.9	GGA	KX519364
PyTr23	CTAAGTGTGGAAAGTTTGTTGGC CTCTTACAGGCTGTGGAACCTCT	60.6	TA	KX519366
PyTr24	CAAAACCCAACGAATTAAGACAG CTGGATTCATTTGTGGCTAAGAC	60.0	AT	KX519367
PyTr25	GAGAATTTATTCAGTGCCCGTAA AAACAAGCCAAACAAAAATGGTA	59.7	TA	KX519368
PyTr26	AAGAACTTGACATTTTGAACCCA ATATATCCCCACGGTTCTTTACC	59.7	TA	KX519369

引物	序列（5'→3'）	退火温度/℃	重复单元	Genbank No.
PyTr27	GCATTGTGAGGGGTTTCTTAAAT CAAGTCTTTTTACCGTGTAAGGTG	59.9	AT	KX519370
PyTr28	AGAAAAGTTTTGGTTGTGACACG GTTGTATGTTTATGTGCAGCGTT	59.8	CA	KX519371
PyTr29	CCTACACCAGCTCCATTTTATCT ATCAGATATGGAGTTGTAAGCCT	57.4	TA	KX519372
PyTr30	GGAGAATTCAAACACGAGAAAGA GAGAGAATGAAGAAGTTCACCCA	59.7	GA	KX519373
PyTr31	AAAAGCTCATCATGCATTCTTTC AGAACAGTCTGGACATCATGGTT	59.8	AT	KX519374
PyTr32	CGATAGTTTAGTTTGGCTGAGGA AGGCCCTTTAATGCACTAGACAC	60.3	AT	KX519375

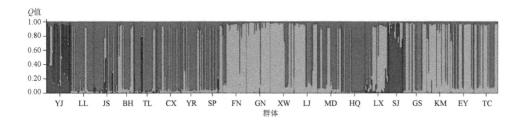

彩图 1   不同地理分布区域云南松天然群体遗传结构（K=3）

注：每个颜色代表不同的分类群(K=3)，条形图代表各类群的个体组成。群体名称缩写见表 2-1。

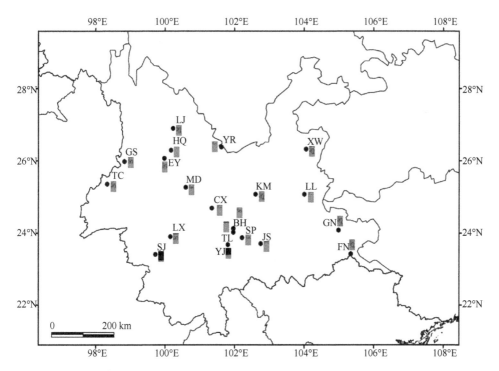

彩图 2   不同地理分布区域云南松天然群体各分类群的 Q 值分布（K=3）

注：群体名称缩写见表 2-1。